工程造价本科专业实践教学及效果提升研究

郑兵云　张恒　丁华军　著

中国海洋大学出版社
·青岛·

图书在版编目(CIP)数据

工程造价本科专业实践教学及效果提升研究 / 郑兵云，张恒，丁华军著. -- 青岛 : 中国海洋大学出版社，2021.8

ISBN 978-7-5670-2905-7

Ⅰ. ①工… Ⅱ. ①郑… ②张… ③丁… Ⅲ. ①工程造价-教学研究-高等学校 Ⅳ. ①TU723.3

中国版本图书馆 CIP 数据核字(2021)第 163399 号

出版发行	中国海洋大学出版社		
社　　址	青岛市香港东路 23 号	**邮政编码**	266071
出 版 人	杨立敏		
网　　址	http://pub.ouc.edu.cn		
电子邮箱	502169838@qq.com		
订购电话	0532-82032573(传真)		
责任编辑	由元春	**电　　话**	15092283771
印　　制	北京虎彩文化传播有限公司		
版　　次	2021 年 8 月第 1 版		
印　　次	2021 年 8 月第 1 次印刷		
成品尺寸	170 mm×240 mm		
印　　张	8.75		
字　　数	160 千		
印　　数	1~1000		
定　　价	39.00 元		

若发现印装质量问题，请致电 010-84720900，由印厂负责调换。

序　言

工程造价专业是教育部根据国民经济和社会发展的需要而增设的热门专业之一，以经济、管理、工程技术、信息及法律等五大平台为支撑，其综合性、实践性和政策性要求都较高。

目前，我国高等教育界逐渐认识到工程造价专业的重要性，社会对工程造价人才的需求量不断增加，对工程造价人才的层次有了更高的要求。工程造价专业具有很强的实践性，高校工程造价本科教育的实践教学是该专业人才培养过程中的重要环节之一，既对课堂理论教学效果进行检验、拓展和延伸，又在训练学生的专业实践操作能力与知识创新方面有着课堂教学不能取代的作用。

截止到2020年9月，全国共有263所高校开设了工程造价本科专业。不同高校根据自身学科特色与优势，因地制宜地创造了自己的培养特色，在实践教学方面也各有千秋。但目前理论界还缺乏系统讨论工程造价本科专业实践教学方面的论著。本书结合作者的教学实践、学生及用人单位的问卷调研等资料，从理论和实证两个角度对工程造价本科专业实践教学进行了较为全面、系统的分析与论证，并获得了一些研究结果。

本书共七章，包括工程造价本科专业人才需求、工程造价本科专业实践教学现状分析、工程造价专业能力结构标准、工程造价专业实践教学课程体系、工程造价专业实践教学影响因素分析、工程造价专业实践教学平台搭建研究、工程造价专业实践教学实施研究。

本书由郑兵云、张恒、丁华军著写，郑兵云教授统筹并最终审定。安徽财经大学工程造价专业学生高雅、马影影、叶淑君、徐诚诚、王萌、王梦雅、陈宇等为资料的搜集和整理做了大量工作。本书在写作过程中，与重庆大学、天津大学等高校教师及晨曦信息科技股份有限公司、广联达科技股份有限公司、安徽水利开发股份有限公司等企业专家进行了研讨，启发很大，在此不一一列述感谢。

由于作者水平有限，本书可能存在不足和错误，请读者批评指正，共同提高工程造价专业实践教学效果。

作　者

2020 年 12 月

目　录

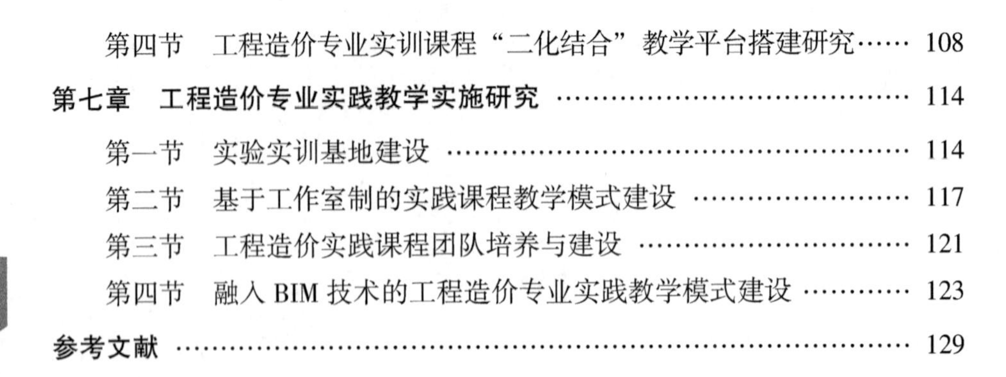

第一章　工程造价专业人才需求

工程造价专业是教育部根据国民经济和社会发展的需要而新增设的热门专业之一，是以经济学、管理学为理论基础，基于建设工程管理专业而发展起来的专业，其技术性、综合性、实践性和政策性要求都较高。随着建筑业国际市场的开拓、我国基础设施建设投资的加大以及房地产市场的进一步发展，建筑行业对于高素质工程造价方面专业人才的需求也越来越大。所以，必须充分调研市场及岗位需求对于工程造价专业人才培养的要求，从契合市场用人机制着眼，明确人才培养目标，正确把握切合市场需求及岗位需求的培养规格，创造具有可持续发展能力的工程造价专业人才培养模式。在分析我国目前工程造价专业人才培养存在问题的基础上，构建工程造价专业人才培养体系，并从培养目标、课程体系、实践应用、教师队伍等方面探究培养体系的实施，以期为培养复合型、应用型工程造价专业人才探索积极有益的方法。本章通过对建筑行业发展情况以及社会对工程造价行业人才需求分析入手，进而引出对工程造价专业人才的培养研究。

第一节　建筑行业发展分析

一、建筑行业的发展特点

（一）建筑业规模扩大，总产值增加

目前，随着我国经济的快速健康发展，建筑业已成为有效拉动我国国民

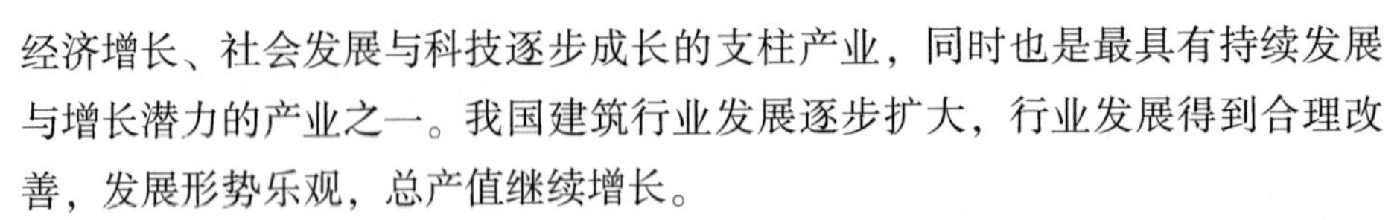

经济增长、社会发展与科技逐步成长的支柱产业，同时也是最具有持续发展与增长潜力的产业之一。我国建筑行业发展逐步扩大，行业发展得到合理改善，发展形势乐观，总产值继续增长。

2019 年，面对国内外复杂的经济环境和各种严峻挑战，在以习近平同志为核心的党中央坚强领导下，建筑行业以习近平新时代中国特色社会主义思想为指导，全面贯彻党的十九大和十九届二中、三中、四中全会精神，持续深化供给侧结构性改革，发展质量和效益不断提高。建筑业仍在持续发展，建筑业也在不断扩大，总产值也在不断增加。

（二）建筑业发展区域不均衡

在区域分布上，2019 年，江苏省建筑业总产值以绝对优势继续领跑全国，达到 33103. 64 亿元。浙江省建筑业总产值仍位居第二，为 20390. 20 亿元，但与上年相比降幅较大，与江苏的差距拉大。两省建筑业总产值共占全国建筑业总产值的 21. 53%。除苏、浙两省外，总产值超过 1 万亿元的还有湖北、广东、四川、山东、福建、河南、北京和湖南 8 个省市，上述 10 省市完成的建筑业总产值占全国建筑业总产值的 66. 30%。

在全国建筑业都在增长的同时，也有少部分地区的建筑业在总产值方面呈现下降的状态。在经济发展水平不足的地区，建筑行业成长速度较为迟缓，建筑业发展水平偏低，其中最为严重的天津市、黑龙江省、内蒙古都出现了在-8%以下的负增长形式，天津市最为严重，出现了-12. 87%的负增长。由此可知，我国区域建筑业发展水平现状还需要与区域的经济发展水平相联系，也与该省市对建筑业的重视程度有关。

（三）建筑从业人员众多

建筑业的发展带来更多的就业机会，解决了很大一部分人的就业问题。从 2017 年来看，全国共有 17 个省市的建筑业就业人数超过百万。在总产值排名前列的地区，苏、浙两地依旧是从业人数大省，就业人数分别达到 880. 84 万人与 772. 75 万人。其他省区市从事建筑行业的人数以增加态势为主，其中，四川省是增加人数最多的，增加了 69. 96 万人；但也有 7 个地区的从业人数减少，最严重的辽宁、天津、上海 3 个地区就业人数均减少超过 10 万人。

由以上数据可以得知，我国从事建筑行业方面工作的人员占很大比重，建筑从业人员与日俱增。随着经济的发展、时代的进步，建筑工程越来越重视工程造价、工程设计与工程施工的专业性，需要更高质量的工程造价人才。

（四）国外建筑行业发展形势

发达国家的建筑业已趋于稳定形式，其住房使用寿命远超中国，平均达到百年，相对于我国平均只有 30 或 40 年的住房使用寿命而言，大大减少了资源的浪费现象。在美国，建筑行业从业人数同样庞大，也呈现逐年增多的趋势。据 2017 年统计，其建筑业从业人员大致占劳动力的 5%，达到了农业劳动生产人数的 2 倍多。由于美国建设规模的扩大和美国劳动工作时间的缩短，导致更多的人员加入这个行业，岗位需求类型、专业性也增多。美国工程管理专业优秀的教学质量和社会需求使得工程管理专业人才在就业市场上极受欢迎。日本在建筑方面也处于领先位置，他们以精细化管理著称，注重安全问题，工作形式标准化。日本在软件产品方面一般都是自主开发，建筑企业就业人群中，信息化相关人员数达到公司总人数的 5%，支撑着产业的发展和建设。日本在 1968 年提出装配式住宅的概念，经历了从标准化、多样式、工业化到集约化、信息化的不断演变和完善过程，超过 80%的日本住宅都不同程度使用了预制构件的装配式住宅。在材料方面，日本十分注重材料的减震、防水、隔音方面的效果。

二、建筑业发展前景

（一）我国建筑占有面积巨大

目前，我国城镇化城镇化发展速度增快。国家统计局数据表明，我国城镇化率呈现递增状态，2020 年，我国城镇率达到 60%。在全面推进城镇化的形势下，城市规模不断扩大，居住建筑、商业建筑、公共建筑也随之增长。

（二）装配式建筑和 BIM 技术发展与应用

随着国家和社会对质量和环保的重视，受国家和社会的支持和推广，装配式建筑将成为我国建筑业发展的主要方向。传统现浇施工方式存在资源耗能高、人员劳动强度大、工作质量、工作效率和安全保障制度较低等一系列问题，而装配式建筑可以显著改善施工现场的环境问题，有效减少能源消耗、资源浪费的现象，更好地提高工作效率和人员安全性问题。面前，我国装配式建筑处于初期发展阶段，与美国和日本超过50%的比例相比，差距较大。

BIM技术即为建筑信息模型（Building Information Modeling），以建筑工程项目的各项相关信息数据作为模型的基础，建立建筑模型三维模式，通过数字信息仿真模拟建筑物所具有的真实信息。它具有信息完备性、信息关联性、信息一致性、可视化、协调性、模拟性、优化性和可出图形八大特点。BIM可以规划策划、设计、施工、运行和维护的整个生命周期，通过对建筑信息的详细分析和理解，各个主体可以协同作业，为所有决策提供可靠的依据，从而提高生产效率、节约资源并缩短工期。我国BIM发展跟国外相比起步较晚，但随着BIM技术的开发与应用，建筑行业对BIM的认可程度越来越高，应用更加广泛。

建筑业要加快信息技术发展与应用，加强技术创新能力，推进信息化建设进程，增强企业的管理水平和技术掌握能力，保持建筑业平稳增长趋势。

（三）推进可持续发展与绿色建筑

1987年4月，世界环境与发展委员会提出了可持续发展的思想，认为在发展中国家，可持续发展必须优先满足国民的基本需求和提高生活质量。可持续发展“既要满足当代人的需要，又不对后代人满足其需要的能力构成伤害”，建筑业在可持续发展的过程中起着至关重要的作用。绿色建筑满足建筑业可持续发展战略，绿色建材在原材料的利用、生产、施工和废物处理等过程中，不对环境造成影响，是对人类健康无害的材料。

近几年，中国由于建筑业的快速发展，负面影响逐渐增多。传统建筑的材料在生产、使用和废弃过程中消耗和破坏了大量的自然资源，比如水、能源、树木、土地等；在环境方面，排放大量的废气、废渣，造成众多环境污染，比如水污染、空气污染等。为了避免这些恶劣现象更加严重，世界上已经有很多国家实行建筑业的可持续发展和绿色发展战略，注重研究并采用新型建筑材料和自然资源。在发达国家，绿色建材与新型建材的使用率达到了80%以上，建筑材料的品质也通过技术不断得到提高。

在福建省，一座9层高的大楼，总建筑面积1.1万平方米，由符合可持续发展的新型钢结构材料建成，从安装到封顶仅用了76小时。2020年，城镇绿色建筑占新建建筑比重达到50%，新开工全装修成品住宅面积达到30%，绿色建筑材料应用比例达到40%。

绿色建筑材料的使用是中国可持续发展观在建筑行业的具体表现，而绿色建筑是实现中国目前高消耗型建筑模式转变为生态节能型建造模式的必经之路，是当今世界建筑业发展的必然趋势。与欧美发达国家相比，中国在绿色建筑的研究还在起步发展阶段，但在绿色发展这条道路上，中国有很广阔的发展前景。

第二节　社会对工程造价专业人才需求分析

改革开放以来，我国的建设与发展突飞猛进，达到了一个史无前例的速度，国家高度重视发展铁路、高速公路等各项基础设施，其他建筑工程也快速发展。建筑业施工企业和相关单位人员需要具备与土木工程安装工程技术和工程造价相关的管理、经济、法律等方面的知识，以及全过程施工和工程造价综合管理的高质量实践能力。工程造价专业是在符合工程建筑行业需求、体现高等教育社会服务功能下逐步发展和建立起来的，其目标就是培养德智体美全面发展，掌握建设工程技术、经济法规和现代管理基本理论和知识，具有建设工程计量、计价与管理基本技能，具备从事工程咨询、施工、开发、管理能力和创新能力的高级工程管理人才。

工程造价专业人才在社会上的需求越来越高，社会认可度在不断地上涨，同时，对于工程造价人才的专业素质要求也进一步提高，特别对工程造价人才的实践能力更加注重。工程造价专业具有很强的实践性，主要体现在两个方面：首先，工程造价管理贯穿于具体工程的全过程，需要根据工程进度和市场变化进行动态调控；再者，工程造价以培养具有一定专业基本技能、工程实践技能和综合管理能力的高级管理人才为目标，需要不断地强化和提高实践教学效果。

高校工程造价本科教育的实践教学是该专业人才培养过程中的重要环节

之一，既是对课堂理论教学效果的检验、拓展和延伸，又在训练学生的专业实践操作能力与知识创新方面有着课堂教学不可取代的作用。高校应统筹规划安排工程造价本科专业的生产实习、课程设计、社会实践、科研课题、毕业实习、毕业设计等实践环节，建立以工程项目为核心的工程技术知识、经济知识和管理知识相统一的应用型知识体系，以及与理论教学有机融合、相互渗透的实践教学体系。

一、工程造价人才需求分析

（一）人才需求数量分析

据相关数据统计，在大部分国家，从事工程造价专业工作方面的人员大约占据国家总人口数的千分之一，相对来说比重还是比较大的。但在我国，以中部和中南部城市为例，截止到 2016 年，我国湖南省总人口数达到了 6775.38 万人，工程造价行业实际从业人数大约 2 万，而根据实际需求情况来看，从业人员应该达到 6.8 万人为适宜。按照湖南省每年培养工程造价专业性人才 5000 人来看，至少需要 10 年才可以补足这个缺口，也就是到 2026 年，才有可能赶上发达国家对于工程造价行业从业人员的数量标准。而且，未来几十年，中国城市化速率将迅速攀升，新的都市圈、城市群、商业区会如雨后春笋般涌现出来，城市化的过程会不可避免地带来建筑行业的繁荣昌盛。因此，在未来几十年，国内市场对工程造价的人才需求必定很旺盛（谢英姿，2017）。

当前，经济国际化速度正在逐年加快，中国建筑企业走向世界，参与国际竞争的力度正在逐年加大，实力也在不断增强。同时，随着当前国家“一带一路”倡议的实施，我国涉外工程项目空前增加。2017 年，我国对外承包工程业务完成营业额 1685.9 亿美元，同比增长 5.8%（折合 7105.7 亿元人民币，同比增长 2%）。2018 年 1～9 月，我国对外承包工程业务完成营业额 7105.7 亿元人民币，同比增长 2%（折合 1089.9 亿美元，同比增长 6.4%）。2017 年中国对外承包新签合同额 17911.2 亿元人民币，同比增长 10.7%（折合 2652.8 亿美元，同比增长 8.7%）。2018 年 1～9 月，中国对外承包新签合同额

10073.4亿元人民币，同比下降11.9%（折合1545.1亿美元，同比下降8.1%）。我国企业在“一带一路”沿线国家新签对外承包工程项目合同3640份，新签合同额904.3亿美元，占同期我国对外承包工程新签合同额的48.8%，同比下降20.3%；完成营业额736.6亿美元，占同期总额的53.4%，同比增长12.6%。

随着这些对外承包工程项目的先后展开，未来的工程造价人才，尤其是国际型工程造价人才，需求持续增大。针对工程造价人才需求的这种变化，高等教育有必要调整专业人才培养思路，在国际型工程造价专业人才培养上多下功夫，为我国对外工程承包业的可持续发展提供人才支持。

（二）人才职业岗位需求分析

通过对全国各大高校的毕业生就业情况调查分析发现，工程造价专业学生毕业后的就职岗位主要有工程预结算员、招投标员、施工员和资料员，各个岗位的工作任务如表1.1所示（谢英姿，2017）。

表1.1 工程造价专业毕业生职业岗位及工作要求

岗位职业	工作要求
预结算员 招投标员	1. 熟悉图纸、熟悉现场
	2. 获取技术部门的施工方案等资料
	3. 参与各类合同的洽谈
	4. 正确、及时编制好施工图（施工）预算，正确计算工程量及套用定额，做好工料分析
	5. 施工过程中要及时收集技术变更和签证单
	6. 正确、及时编制竣工决算，随时掌握预算成本、实际成本
施工员	1. 解决施工组织设计和现场的关系
	2. 现场监督、测量
	3. 上报施工进度
	4. 处理现场问题
	5. 编写施工日志

续表

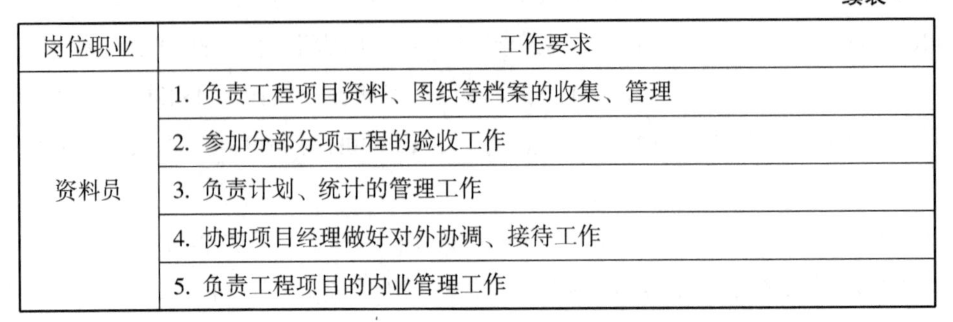

岗位职业	工作要求
资料员	1. 负责工程项目资料、图纸等档案的收集、管理
	2. 参加分部分项工程的验收工作
	3. 负责计划、统计的管理工作
	4. 协助项目经理做好对外协调、接待工作
	5. 负责工程项目的内业管理工作

由上表可以看出，在我国工程造价专业人员的就业面还是比较广的，因此每年工程造价专业人才就业率也相当高，市场上有多重就业职位可供选择。

（三）工程造价咨询行业发展现状

从企业发展规模上看，2017 年，全国共有 7800 家工程造价咨询企业参加了统计，比上年增长 3.9%。其中，甲级工程造价咨询企业 3737 家，增长 10.53%；乙级工程造价咨询企业 4063 家，减少 1.48%。专营工程造价咨询企业 1961 家，减少 2.04%；兼营工程造价咨询企业 5839 家，增长 6.11%。

从从业人员规模上看，2017 年年末，工程造价咨询企业从业人员 507521 人，比上年增长 9.8%。其中，正式员工有466389 人，占到 91.9%；2017 年年末，工程造价咨询企业共有专业技术人员339692 人，比上年增长 7.92%，占全部造价咨询企业从业人员 66.93%。其中，高级职称人员 77506 人，中级职称人员173401 人，初级职称人员88785 人，高级、中级、初级职称人员占专业技术人员比例分别为 22.81%、51.05%、26.14%（中国住建部，2018）。

从营业收入上看，2017 年，我国工程造价咨询企业总体呈健康发展势头，企业年总收入较 2015 年、2016 年有明显的增幅。2017 年工程造价咨询企业的营业收入为 1469.14 亿元，比上年增长 22.05%。进入 2018 年，我国国民经济稳定运行，固定资产投资回暖，为工程造价咨询提供了良好的需求环境，2018 年企业总营业收入达到 1700 亿元。

二、社会对工程造价人才需求特点

“十三五”时期，我国经济长期向好的基本局面没有改变，发展前景依旧广阔。新型城镇化、“一带一路”建设为固定资产投资、建筑业发展释放新的动力、激发新的活力，建筑业体制机制改革和转型升级的需求不断增强。中央城市工作会议明确提出实施重大公共设施和基础设施工程，加强城市轨道交通、海绵城市、城市地下综合管廊建设，加快棚户区和危房改造，有序推进老旧住宅小区综合整治及工程维修养护。工程造价咨询业新的创新点、增长极、增长带正在不断形成。工程造价作为整个工程预决算的核心部分，它将贯穿于项目的策划、立项、投资、设计、招标投标、合同签订、工程施工等的全部过程，对于提高建设项目投资效益和建设管理水平起着重要作用。就目前来看，市场对工程造价专业人才的需求有以下几个特点。

（一）总体需求量大且有较快的增长趋势

以河南省数据为例，近年来，河南省为了提高企业工程造价专业人才培养水平，对工程造价专业人员做了数据调查和分析，调查统计，截至 2017 年，河南省有具有一定资质的工程造价师 5242 人，造价员 26210 人（王玉雅，2017）。同时，在调查报告中还发现，各个企业对工程造价专业毕业生需求趋旺，常年在建筑行业的招聘中位居前三，占整体建筑行业招聘需求量的 33%，这是一个相当庞大的数字，这个数字在未来几年还会逐步增长。

工程造价人才需求如此之高，通过调查与研究发现，有以下两个方面的原因：一方面是近年来，全国的国内生产总值一直保持在年平均 8%左右的增长速度，发展相对来说较快，而固定资产的投资是拉动经济增长的三大动力之一，建筑业作为我国的重要支柱产业，它的发展对全国经济的增长起着十分重要的作用，而每一个工程项目和规划又都离不开工程造价专业人员的参与，因此整个建筑业的不断快速发展给工程造价专业管理人员提供了十分广阔的就业市场和前景，并且随着我国经济的快速、持续、稳定增长，工程造价从业人员的需求量有了明显增长的趋势。另一方面，由于建筑市场在全国范围内逐步开放和规范化管理，政府等相关部门相继出台一系列相关政策，全国各地的会计师事务所、审计师事务所、不同体制的设计院（所）、建筑工程公司等纷纷成立，也增加了对工程造价从业人员的总量需求，为工程造价专业人才提供了大量的就业机会和工作岗位。未来，工程造价行业依旧有广阔的发展空间，社会需求量将会持续增长。

（二）专业技能素质要求越来越高

随着近几年国民经济和建筑行业的快速发展，对专业性工程造价人才的需求越来越大，同时也对专业人员提出了更高、更严格的要求，需要有更强的实践性能力的人才，能从事项目可行性分析、项目开发、规划报建、施工、工程管理、工程监理等全过程的专业技术工作。因此，传统的教学培养模式走出来的人才，不再能够完全满足社会需求，这就迫切需要高等学校加速培养建筑工程方面的设计、施工、管理和维护等多方面的人才。但由于工程造价专业学科建设晚、起步水平较低、发展较为缓慢等情况，在知识结构体系、专业课程建设甚至是人才培养模式等方面都存在不足，集中体现在人才培养目标定位不够准确，学生的职业能力无法满足用人单位的需求等。而作为用人单位，又急需大量应用型人才加入以推动企业快速发展。因此，加快高等院校工程造价专业人才培养模式的创新探索势在必行。

职业道德素质对每个行业都是必不可少的一部分，良好的职业道德是工程造价人员必须具备的一项基本素质。在造价人员工作过程中，必然会接触到项目的相关成本及经济、资金等多方面问题，因此，工程造价人才就需要保持公平公正的良好心态，在项目工程造价控制过程中抵制各种投机取巧等不良作风，确保工程造价的准确性和真实性，严格依照国家相关法律和法规办事，积极学习行业新知识，结合工程实际，客观公正地处理好有关工程造价方面的相关争议，做一个遵纪守法的造价人员。

同时，造价工作是一项精细而有十分烦琐的工作，要求造价人员必须具备熟练的业务能力和足够的耐心及细心，去满足当前工程造价管理工作的需求。在技术方面，造价人员需要熟悉施工工艺流程和相关经济技术指标，需要熟悉施工组织设计相关容，从而能够更好地对施工预算进行核算和纠偏。在经济管理方面，造价人员需要熟悉相关的招投标模式和投标报价方式，同时熟悉报价的编制方法，并掌握工程量清单计算规则及额计算规则，最终能够准确地确定工程造价。

在工程造价的确定与控制过程中，必然也会受到行业的各项法律法规的限制。因此，为做好工程造价的确定与控制，工程造价人员需要学习现行的法律法规，了解国家相关的建筑市场发展动向和造价市场走向，从而能够合理确定与控制造价，保证造价活动在合理合规的范围内。切记坚决不要触碰法律的底线办事，要做到依法而行。

（三）实践能力重视程度要求越来越高

伴随着21世纪经济社会的到来，造价体制改革的进一步深化以及工程造价专业的不断全面化发展，社会对工程造价实践能力需求也越来越高。如何培养出适应当前建筑行业市场需求、具有较强的职业素养和能力的工程造价人才，是本专业面临的一个重要课题。

实践教学对于提高学生的综合素质、培养学生的创新实践精神和实践能力具有重要的作用，实践教学可以很好地将书本上的内容转变为“实践”，使所学知识更加具体化、实际化，实现从“教学”向“实践”的转移。从实践教学改革入手，强化实践能力培养要求，对于促进教育教学质量以及培养学生应对和处理实际问题有着至关重要的作用，使工程造价专业人才能够快速地从事建设工程领域中的造价工作。

企业在招聘中，对实践能力的重视程度越来越高。一种是普通实践能力，即企业对所有招聘人员的实践能力的一般要求，如学习能力、表达能力、心理健康能力、团队协作能力、组织管理能力、吃苦耐劳能力等能力。另一种是专业实践能力，即企业对造价专业人员应具备的造价专业实践能力要求，如专业经验能力、专业态度能力、专业工作能力、专业知识能力、专业道德能力和专业创新能力。

当前，需要以培养高质量复合型人才为目标，采取多方面措施和计划，建立完善的人才培养体系，不断深化教育改革，提高工程造价专业学生的实践能力。

第二章　工程造价本科专业实践教学现状分析

对于应用型人才的培养来说，专业实践教学尤为重要。一方面，它与理论教学相结合，是促使学生获取专业知识、提高综合能力的有效途径；另一方面，它与人才培养目标相统[illegible]，也是体现课程、专业及人才培养特色的重要手段（卫运钢，2016）。本章内容主要分析国内外工程造价专业的实践教学状况，提出改善国内专业实践教育的建议，希望可以给工程造价专业实践改革提供参考，积极促进国内应用型工程造价专业人才的培养。

第一节　国外高校工程造价专业实践教学状况

工程造价最早是从16世纪的英国开始发展起来的，随后各个国家工程造价相关专业协会相继出现，20世纪60年代到80年代先后开始了相关执业资格认证工作。在发达国家，工程造价已经形成了一定的行业标准，并发展了一套相对而言比较完善并成熟的专业人才培养体系。现今，在国际上工程造价领域主要分为以美国为代表的工程造价（CE）和以英国为代表的工料测量（QS）两个体系（郑兵云，2017）。

一、以美国为代表的工程造价体系

（一）课程设置

美国大部分院校的工程造价相关专业的课程设置都通过了专业评估（建

设部高等教育工程管理专业评估委员会或美国建筑教育协会)。美国建筑教育协会对工程造价专业的课程要求是适应社会和市场的需求，能将经济、法律等与工程相结合并可以灵活运用行业中最新的工程类知识。美国建筑教育协会的课程设置涉及的范围广泛，包括许多工程技术类的课程，如工程设计理论、建筑测量、建筑制图等，另外还包括了数学、经济类课程和法律等。其中社会人文类课程要求修到15学分以上，工程技术类课程要求修到20学分以上，管理类和经济类课程要求修到18学分以上，数学类课程要求修到15学分以上。以上四大类的课程设置依次培养了学生的以下能力：①理解、表达、沟通能力。②解决工程相关问题、理解工程相关设计的能力。③分析解决问题能力。④对项目工程的管理和决策的能力。从上述数据我们可以看出美国的工程造价主要以工程技术为基础，以此为基石将管理经济类课程和法律类课程进行交叉和融合。

表2.1　五所美国大学工程管理专业各类课程学分比例分配表（郑兵云，2017）

学校	工程学和工程设计类	商业经济及管理类	工程学和工程设计类/商业经济及管理类
路易斯安那州立大学	27	24	1.13
克莱姆森大学	19	33	0.58
新西兰南方理工学院	39	28	1.39
佛罗里达大学	32	36	0.89
佐治亚大学	21	26	0.81

（二）实践教学特点

（1）从表2.1的数据可以看出，美国工程造价相关专业的课程设置非常看重工程技术，在五所大学的课程设置中工程学和工程设计类的比例最高，达到了39%。

（2）美国对于学生的专业实践十分重视。美国工程造价专业为了培养学生的实践能力，几乎每门课程都会根据课程内容来安排相对应的实践课题由学生去完成。比如美国的重点大学北达科他州立大学，其开设的《工程进度与控制》用现代化技术将施工企业提供的真实工程项目在课堂上可视化，通过这种方法让学生真实经历和感受施工过程，从而帮助学生更好地吸收课堂所学知识，并将学科内容灵活地应用于具体的项目当中。另一方面，美国高校的暑期持续时间相对较长，学生可以充分利用假期时间去企业进行实习，并且在实习期间与学校指导老师保持联系，对于在实习期间遇到的问题可以获得老师进一步的指导。

（3）通过了相关行业专业协会学会评估认证的课程体系可以满足行业的最新需求和要求，确保了课程设置的合理性。这种课程体系所培养出来的学生具有很好的社会实践能力，并且在毕业工作后可以快速适应工作环境和要求，最大化地提高高校向社会和相关行业输送人才的效率。

二、以英国为代表的工料测量体系

（一）课程设置

与美国工程造价专业的课程设置相似的是，在英国只有通过了相关行业的权威学会和教育部门认证的课程体系所培养出来的学生才能够得到行业内的认可，并且在毕业后有一定的工作经验后可以申请相应的行业资格证书。以英国工料测量专业比较有代表性的里丁大学来说，英国皇家特许工料测量师协会认证了其工料测量方向专业课程的设置，并且该学校工料测量的毕业生在相关行业中工作两年并通过相应的专业能力评估（APC）后，就可以向英国皇家特许工料测量师协会申请执业资格证书。

工料测量的工作涵盖了建筑工程过程中的工程概算、竣工验算、项目索赔全过程。工料测量师是既具备相关工程技术又具备经济、管理和法律知识的综合性人才，他们可以有效地管理和控制各类不同的建设和工程类项目。英国里丁大学的工料测量专包括基础课程、专业课程以及与未来职业相关联学科的课程等三个部分。学校提供的四个不同的专业方向设置四种专业课程，学生可以根据自身的兴趣选择不同的专业方向。由这一点可以看出，工料测量的课程设置非常灵活，可供学生弹性选择。

表 2.2　英国里丁大学基本课程设置

课程性质	主要课程
基础课	工程技术：建筑原型、建筑工程技术、施工、建筑材料、建筑设备、测量、建筑结构、实验室及现场实践 经济：经济学、财务、建筑经济 管理：管理 1、交际、管理 2、人力资源管理 法律：法律 1、法律 2、建筑合同法
专业（方向）课	建筑测量方向：维修工程设计、维修管理、计划、在选修课中另选三门
	工料测量方向：建筑工程项目管理、费用估算、度量和评价、在选修课中另选三门
	建筑管理工程与测量：在选修课中选五门
	建筑管理方向：建筑工程项目管理、费用估算、建筑生产的工程技术、在选修课中另选三门
选修课	财务管理、建筑设备、土木工程、建筑工程项目管理、维修工程设计

除了表 2.2 所列出的基础课程外，还包括大型项目、商业组织与管理、设计成本估计等实践性特别强的一些课程。

（二）实践教学特点

（1）强调执业资格为向导的人才培养模式。通过专业协会介入高校的课程设置，有效地连接了社会行业的需求与高校的教学，确保了高校所教的内容不会与行业内脱节，使学生毕业后可以较快适应工作的环境。

（2）看重实践教学。从英国里丁大学的课程设置上可以看出英国比较侧重于工程技术类，并且十分重视各种类型课程的实践课程，通过具体的大型项目案例让学生将所学的工程技术类、管理类、经济类和法律类等课程融会贯通，并可以在具体的工程项目中灵活运用。各国学者一致认同工程造价的人才培养必不可少的一部分就是培养学生的实践能力，许多学校都会建立“校企一体”的制度，学校通过和房地产开发公司、工程造价咨询公司以及建筑施工企业等与工程造价相关企业紧密合作，为在校学生提供实地实习的

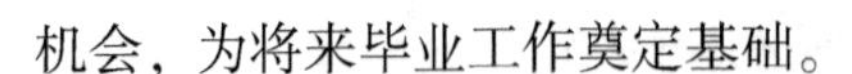

机会，为将来毕业工作奠定基础。

（3）注重培养学生的通用技能。通用技能主要指解决问题能力、学习能力、沟通能力等。通用技能适用于不同的专业和岗位，这种能力的培养使学生在技术不断进步、行业不断发展的职业生涯中可以紧跟前进的脚步，解决复杂多变的问题。

第二节　国内高校工程造价专业实践教学状况

一、开设工程造价专业本科院校统计

20 世纪 50 年代开始，我国在借鉴苏联经验的基础上，逐步建立起概算定额制度，由国家统一规定建筑工程的人工费、材料费、施工机具使用费，形成初具概念的工程造价体系。但是随着经济全球化进程的发展、中国城市化进程的加快，工程规模和施工难度也不断增大。为了适应社会的进步，与国际上的工程造价专业水平接轨，增强我国工程造价相关企业在国际市场上的竞争优势，目前急需国内高校培养出大量的高素质应用型的人才，推动工程造价专业人才的全球化。2012 年工程造价专业被正式录入《普通高等学校本科专业目录（2012 年）》中，之后，我国高校工程造价专业发展非常迅速。据不完全统计，截止到 2020 年，我国共有 263 所高校开设工程造价专业，其中包括财经类大学、综合类大学、建筑类大学、理工类大学、师范类大学和极少数的农业或语言类大学。

表 2.3　全国普通高等学校开设工程造价本科专业一览

序号	学校名称	授予学位门类	学制
1	天津理工大学	管理学	四年
2	贵州财经大学	管理学	四年
3	山东建筑大学	管理学	四年
4	贵州大学明德学院	管理学	四年

续表

序号	学校名称	授予学位门类	学制
5	长安大学	工学	四年
6	昆明理工大学津桥学院	工学	四年
7	重庆大学	工学	四年
8	西安培华学院	工学	四年
9	昆明理工大学	管理学	四年
10	西安思源学院	管理学	四年
11	青岛理工大学	管理学	四年
12	西京学院	工学	四年
13	福建工程学院	管理学	四年
14	西安科技大学高新学院	管理学	四年
15	华北电力大学	管理学	四年
16	唐山学院	工学	四年
17	河南城建学院	管理学	四年
18	北华航天工业学院	工学	四年
19	江西理工大学	管理学	四年
20	河北工程技术学院	工学	四年
21	武汉科技大学	工学	四年
22	石家庄经济学院华信学院	管理学	四年
23	石家庄经济学院	管理学	四年
24	山西应用科技学院	工学	四年
25	九江学院	管理学	四年
26	淮阴师范学院	工学	四年
27	长春工程大学	管理学	四年
28	徐州工程学院	工学	四年
29	江西财经大学	管理学	四年
30	三江学院	管理学	四年
31	河南财经政法大学	管理学	四年
32	南京审计学院	管理学	四年

续表

序号	学校名称	授予学位门类	学制
33	沈阳建筑大学	管理学	四年
34	嘉兴学院南湖学院	工学	四年
35	西华大学	管理学	四年
36	三明学院	工学	四年
37	郑州航空工业管理学院	管理学	四年
38	闽南理工学院	管理学	四年
39	吉林建筑工程学院	管理学	四年
40	厦门大学嘉庚学院	工学	四年
41	河北建筑工程学院	管理学	四年
42	福建江夏学院	工学	四年
43	四川大学锦城学院	工学	四年
44	泉州信息工程学院	管理学	四年
45	吉林建筑工程学院城建学院	管理学	四年
46	江西科技师范大学	工学	四年
47	大连理工大学城市学院	管理学	四年
48	江西工程学院	工学	四年
49	内蒙古科技大学	管理学	四年
50	山东工商学院	工学	四年
51	莆田学院	管理学	四年
52	聊城大学东昌学院	管理学	四年
53	武夷学院	工学	四年
54	山东农业工程学院	工学	四年
55	河北民族师范学院	管理学	四年
56	郑州科技学院	工学	四年
57	西南财经大学	管理学	四年
58	郑州财经学院	管理学	四年
59	孝感学院	管理学	四年
60	黄河交通学院	工学	四年

续表

序号	学校名称	授予学位门类	学制
61	西安财经学院	管理学	四年
62	商丘学院	管理学	四年
63	云南农业大学	管理学	四年
64	郑州升达经贸管理学院	工学	四年
65	武汉纺织大学	管理学	四年
66	湖北经济学院	管理学	四年
67	铜陵学院	工学	四年
68	湖北经济学院法商学院	管理学	四年
69	四川师范大学	管理学	四年
70	海口经济学院	管理学	四年
71	广东白云学院	管理学	四年
72	重庆工程学院	管理学	四年
73	广东技术师范学院天河学院	管理学	四年
74	成都师范学院	工学	四年
75	天津城市建设学院	管理学	四年
76	凯里学院	工学	四年
77	四川农业大学城乡建设学院	工学	四年
78	昆明学院	工学	四年
79	重庆交通大学管理学院	管理学	四年
80	兰州工业学院	工学	四年
81	四川大学锦江学院	工学	四年
82	辽宁科技学院	工学	四年
83	北京建筑工程学院	管理学	四年
84	石家庄铁道大学四方学院	工学	四年
85	大连大学	工学	四年
86	中国地质大学长城学院	管理学	四年
87	辽东学院	工学	四年
88	北京交通大学海滨学院	工学	四年

续表

序号	学校名称	授予学位门类	学制
89	绥化学院	工学	四年
90	山西工程技术学院	工学	四年
91	黑龙江东方学院	工学	四年
92	辽宁科技大学	工学	四年
93	东南大学成贤学院	工学	四年
94	沈阳城市建设学院	管理学	四年
95	苏州科技学院天平学院	管理学	四年
96	长春大学旅游学院	管理学	四年
97	绍兴文理学院	管理学	四年
98	南京工业大学浦江学院	工学	四年
99	安徽建筑大学	管理学	四年
100	绍兴文理学院元培学院	工学	四年
101	河海大学文天学院	管理学	四年
102	安徽理工大学	工学	四年
103	浙江水利水电	管理学	四年
104	安徽工业大学工商学院	工学	四年
105	南昌理工学院	管理学	四年
106	安徽建筑大学城市建设学院	管理学	四年
107	华东交通大学理工学院	管理学	四年
108	福州理工学院	工学	四年
109	山东科技大学	工学	四年
110	萍乡学院	工学	四年
111	潍坊科技学院	工学	四年
112	江西应用科技学院	工学	四年
113	青岛黄海学院	管理学	四年
114	南昌工学院	工学	四年
115	许昌学院	工学	四年
116	江西理工大学应用科学学院	管理学	四年

续表

序号	学校名称	授予学位门类	学制
117	黄淮学院	管理学	四年
118	青岛滨海学院	工学	四年
119	商丘工学院	管理学	四年
120	青岛恒星科技学院	工学	四年
121	安阳师范学院人文管理学院	管理学	四年
122	山东现代学院	工学	四年
123	湖北文理学院	工学	四年
124	青岛理工大学琴岛学院	工学	四年
125	华中科技大学武昌分校	工学	四年
126	山东华宇工学院	工学	四年
127	三峡大学科技学院	管理学	四年
128	齐鲁理工学院	工学	四年
129	湖南工学院	工学	四年
130	河南师范大学新联学院	工学	四年
131	湖南财政经济学院	管理学	四年
132	信阳师范学院华锐学院	工学	四年
133	广东工业大学华立学院	工学	四年
134	黄冈师范学院	工学	四年
135	广西科技大学鹿山学院	工学	四年
136	湖北大学知行学院	管理学	四年
137	桂林理工大学博文管理学院	工学	四年
138	武汉理工大学华夏学院	工学	四年
139	重庆文理学院	管理学	四年
140	湖北文理学院理工学院	工学	四年
141	西南科技大学	工学	四年
142	长沙学院	工学	四年
143	内江师范学院	工学	四年
144	湖南信息学院	管理学	四年

续表

序号	学校名称	授予学位门类	学制
145	西南科技大学城市学院	工学	四年
146	长江师范学院	工学	四年
147	贵州民族大学人文科技学院	工学	四年
148	成都理工大学工程技术学院	工学	四年
149	云南大学滇池学院	管理学	四年
150	成都文理学院	工学	四年
151	云南师范大学商学院	管理学	四年
152	四川工业科技学院	管理学	四年
153	云南工商学院	工学	四年
154	贵州师范大学	工学	四年
155	西安欧亚大学	管理学	四年
156	遵义师范学院	工学	四年
157	西安翻译学院	工学	四年
158	贵州财经大学商务学院	管理学	四年
159	陕西服装工程学院	工学	四年
160	曲靖师范学院	管理学	四年
161	兰州理工大学	管理学	四年
162	昆明医科大学海源学院	管理学	四年
163	天水师范学院	工学	四年
164	安康学院	管理学	四年
165	兰州商学院陇桥学院	工学	四年
166	陕西国际商贸学院	工学	四年
167	兰州交通大学博文学院	管理学	四年
168	西安交通工程学院	管理学	四年
169	河北联合大学轻工学院	工学	四年
170	陇东学院	工学	四年
171	北京化工大学北方学院	管理学	四年
172	浙江科技学院	工学	四年

续表

序号	学校名称	授予学位门类	学制
173	山西大学	工学	四年
174	湖北工程学院新技术学院	工学	四年
175	山西工商学院	管理学	四年
176	石家庄学院	管理学	四年
177	内蒙古农业大学	工学	四年
178	河北科技学院	管理学	四年
179	内蒙古财经大学	管理学	四年
180	山西财经大学	管理学	四年
181	辽宁工业大学	管理学	四年
182	辽宁理工学院	管理学	四年
183	沈阳大学科技工程学院	工学	四年
184	大连财经学院	管理学	四年
185	长春工业大学人文信息学院	管理学	四年
186	辽宁财贸学院	管理学	四年
187	吉林农业大学发展学院	管理学	四年
188	吉林农业科技学院	工学	四年
189	黑龙江工程学院	工学	四年
190	哈尔滨石油学院	工学	四年
191	哈尔滨剑桥学院	管理学	四年
192	南通理工学院	工学	四年
193	哈尔滨华德学院	工学	四年
194	福建师范大学闽南科技学院	工学	四年
195	南京工程学院	管理学	四年
196	郑州工商学院	工学	四年
197	安徽工业大学	工学	四年
198	湖北商贸学院	工学	四年
199	黄山学院	工学	四年
200	武昌工学院	工学	四年

续表

序号	学校名称	授予学位门类	学制
201	安徽财经大学	管理学	四年
202	武汉工程大学邮电与信息工程学院	管理学	四年
203	阜阳师范学院信息工程学院	管理学	四年
204	湖北师范大学文理学院	工学	四年
205	福州外语外贸学院	管理学	四年
206	武汉工程科技学院	工学	四年
207	华侨大学厦门工学院	工学	四年
208	长江大学工程技术学院	工学	四年
209	新余学院	管理学	四年
210	湖南交通工程学院	工学	四年
211	青岛农业大学	工学	四年
212	广州大学	工学	四年
213	山东英才学院	工学	四年
214	贺州学院	工学	四年
215	山东协和学院	管理学	四年
216	南宁学院	工学	四年
217	华北水利水电学院	管理学	四年
218	西南石油大学	工学	四年
219	中原工学院	管理学	四年
220	西安工业大学北方信息工程学院	管理学	四年
221	洛阳理工学院	管理学	四年
222	华北水利水电大学	工学	四年
223	黄河科技学院	工学	四年
224	北京城市学院	管理学	四年
225	中原工学院信息商务学院	工学	四年
226	北京科技大学天津学院	工学	四年
227	三峡大学	管理学	四年
228	河北科技师范学院	管理学	四年

续表

序号	学校名称	授予学位门类	学制
229	武汉科技大学城市学院	工学	四年
230	鄂尔多斯应用技术学院	工学	四年
231	湖南城市学院	工学	四年
232	哈尔滨远东理工学院	工学	四年
233	广西工学院	工学	四年
234	苏州科技大学天平学院	工学	四年
235	百色学院	管理学	四年
236	池州学院	管理学	四年
237	广西财经大学	工学	四年
238	福建农林大学东方学院	工学	四年
239	重庆科技学院	工学	四年
240	南昌工程学院	工学	四年
241	四川理工大学	工学	四年
242	江西农业大学南昌商学院	管理学	四年
243	四川文理学院	工学	四年
244	江西财经大学现代经济管理学院	工学	四年
245	江西师范大学	管理学	四年
246	钦州学院	工学	四年
247	乐山师范学院	管理学	四年
248	成都工业学院	工学	四年
249	成都大学	工学	四年
250	贵州理工学院	工学	四年
251	成都信息工程学院银杏酒店管理学院	管理学	四年
252	中国矿业大学银川学院	工学	四年
253	四川师范大学成都学院	工学	四年
254	郑州成功财经学院	工学	四年
255	西南交通大学希望学院	工学	四年
256	河北环境工程学院	管理学	四年

续表

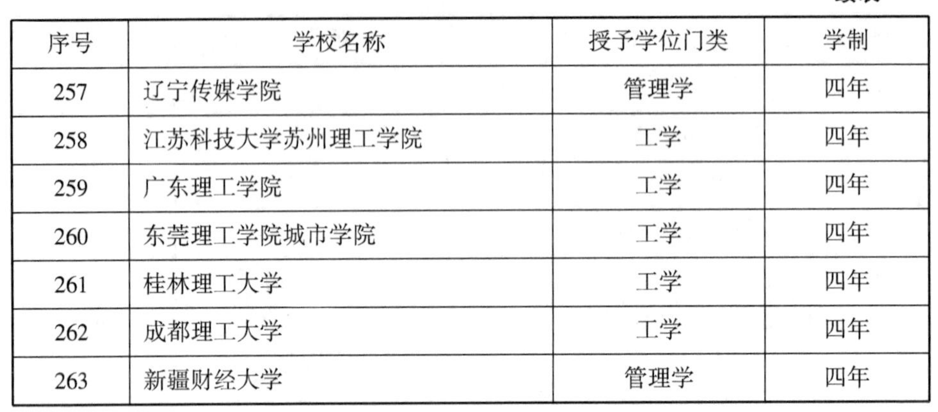

序号	学校名称	授予学位门类	学制
257	辽宁传媒学院	管理学	四年
258	江苏科技大学苏州理工学院	工学	四年
259	广东理工学院	工学	四年
260	东莞理工学院城市学院	工学	四年
261	桂林理工大学	工学	四年
262	成都理工大学	工学	四年
263	新疆财经大学	管理学	四年

我国工程造价专业的人才培养目标是培养德、智、体、美全面发展，具备土木工程技术、管理学、经济学、法律与合同基本知识，掌握现代技术和管理以及建筑市场规律，掌握工程造价管理工作所需要的基础理论、方法与手段，具有一定实践能力、综合应用能力和创新能力，能在国内外建设领域从事项目决策、计量与计价以及全过程造价管理的高素质应用型工程技术人才（赵辉等，2017）。由于开设工程造价专业院校的学科背景与学科优势各有不同，不同类型的院校对于工程技术类课程和经济管理类课程的侧重各有不同。因此，根据工程造价专业的课程设置的侧重点不同授予毕业生不同种类的学士学位，侧重于工程技术类院校的工程造价专业会授予毕业生工学学士学位；侧重于经济管理类课程的会授予毕业生管理学学士学位。

二、各类高校工程造价专业课程体系比较

工程造价专业在人才培养的过程中根据相关规定，将学生应该掌握的专业能力分为基本能力、核心能力以及发展能力三个部分。同时，根据工程造价本身的学科特点按照“宽口径，厚基础”的人才培养原则将课程划分为工程技术类课程、管理类课程、经济类课程和法律类课程四个平台。但是由于开设工程造价专业的院校本身的学科背景以及学科优势的不同，从而使不同类型的院校的工程造价专业在课程体系的设置上对于四个平台课程的侧重各有不同。从表 2.4 的数据我们可以看出财经类大学更加侧重于管理经济类课程，两所财经类大学的管理类课程都是四个课程平台中占比最高的课程；理

工、建筑类的大学则更加侧重工程技术类的课程，比如重庆大学的工程技术类课程占比高达31.02%；综合类大学由于包含的学科比较综合，在课程设置上相对平均但还是稍侧重于工程技术类课程。

表2.4　各类大学与工程造价相关专业课程比例示意（%）

学校名称	管理类	工程技术类	经济类	法律类
重庆建筑大学	21.12	31.02	11.22	2.64
西安建筑科技大学	17.09	7.35	9.69	4.56
天津大学	23.40	22.61	17.02	3.19
重庆大学	7.94	25	4.12	7.94
安徽财经大学	18.75	13.75	12.5	1.25
西安财经大学	20.64	15.27	13.6	3.43

三、不同类型大学实践教学特点

（一）理工类大学工程造价专业的实践教学特点——以青岛理工大学为例

1. 开设的课程体系

青岛理工大学作为一所以工为主、理工结合，土木建筑、机械制造、环境能源学科特色鲜明的大学，是山东省最早开设土木工程专业的高校。其明显的理工科学科优势，为该校工程造价的人才培养打下了坚实的工程技术的基础。它的课程主要由公共课、专业课以及其他课程三个部分组成。

表2.5　青岛理工大学工程造价专业所开设课程

公共课	数学类	高等数学A、线性代数、概率论与数理统计等
	思政类	形势与政策、思想道德修养与法律基础、中国近现代史纲要、马克思主义基本原理、毛泽东思想和中国特色社会主义理论体系概论等
	语言文化类	大学英语系列
	计算机基础类	大学计算机、程序设计基础等

续表

专业课	技术类课程	工程力学、结构力学、建筑制图、建筑材料与检测、建筑构造、建筑工程测量、建筑设备与识图、基础工程施工、砌体工程施工、装饰装修施工、混凝土工程施工、屋面防水工程施工、钢结构施工、建筑结构、市政工程、城市轨道交通工程
	管理类课程	管理学原理、会计学基础、运筹学、人力资源管理、建筑施工组织、工程质量与安全管理、工程项目管理、项目评估管理
	经济类课程	经济学基础、工程经济学、工程项目评估
	法律类课程	建设法规、工程合同管理、工程索赔（双语）、FIDIC 施工合同条件（双语）、经济法
	信息技术类课程	管理信息系统、项目管理软件应用、土建 CAD BIM 软件应用
	拓展类课程	全校选修课程、跨门类课程、跨学科课程、任选课程
其他课程	实验类	理论一体化课程：基于 BIM 的分模块实验
	基础类实践	构造设计实务建筑、工程测量实训、建筑基本技能训练、建筑施工组织实训、建筑工程计量计价实训、造价管理专业实习、造价管理专业毕业实习、造价管理毕业设计（论文）

（注：该专业分市政工程造价和装饰工程造价两个方向）

2. 课程体系所对应培养的能力

（1）培养了识图与工程量计算的能力。丰富的工程类课程设置包括房屋建筑类、市政工程、城市轨道交通，让学生可以清楚了解工程造价在不同领域的应用，不管碰到什么类型的工程都可以快速看懂图纸并计算出工程量。并且，在学习建筑制图、建筑材料、建筑结构等课程后，学生不仅能从事工程造价及工程全过程管理，而且对一般的工程设计以及施工工作也可以胜任。实践类课程中的 BIM 实验和建筑工程计量计价实训课程是工程量清单编制能力、招投标控制价编制能力和招投标报价编制能力的基础。

（2）培养了图纸绘制和软件应用能力。如信息技术类课程中的土建 CAD

BIM 软件应用可以培养学生绘制平面施工图以及用 BIM 建立 3D 建筑模型的能力，以及对于较大、较复杂的工程快速准确进行计算的能力。

（3）培养了工程施工管理能力。该校作为一所以土建为特色的理工大学，提供了从基础工程施工到装饰装修工程的施工以及屋面防水和钢结构的施工等知识的学习。扎实的施工知识基础结合管理类课程中的人力资源管理、项目施工组织、项目质量与安全管理等课程，可以很好地培养学生的工程施工管理能力。

3. 建筑、理工类高校工程造价实践教学特点

（1）注重工程技术。建筑理工类大学学生由于学校的定位以及学校为学生提供的机会，大部分学生毕业后会选择到施工单位工作。为了满足学生的就业需求，学校课程设置就会更加偏向工程技术类的课程，实践教学方面也会增大土木工程类的实践比例。

（2）课程设置的方向性明确。与青岛理工大学相同，一般来说建筑理工类大学的特色专业通常是建筑相关专业，这些院校在教学过程中会将工程造价专业与这些专业相结合，实施差异化工程造价的专业人才培养模式。河南理工大学的院校特色是矿业，他们工程造价专业的培养体系就会结合矿业来展开；河海大学的特色专业是水利，那么他们的培养模式就会与给排水、水利方面结合；还有一些能源与电力背景的高校，其工程造价专业会另外加设电力工程基础、动力工程基础、电力生产概论等，加强工程造价在电力工程方面的运用。这种教学方式培养出来的学生更能在具体工程中运用管理经济类知识，在具体领域的工程造价行业中也更有竞争力。

（3）对项目前期的投资决策阶段能力培养不够。建筑类大学没有经济管理学科的支撑，在经济和管理方面的实践教学较为薄弱，导致工程经济性分析不到位。在工程造价管理过程中，工程经济分析能力重要性是不言而喻的，我们需要依靠工程经济分析来判断一个建设工程项目的各种经济效益来决定前期投入的资源，比如通过判断一个基础设施项目可以带来的社会福利来分析应该投放多少社会资源来建设，通过经济效用分析方法或风险效益分析方法来分析一项目的经济合理性。

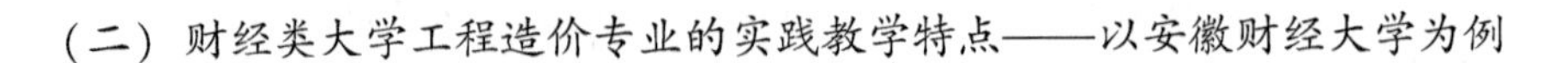

（二）财经类大学工程造价专业的实践教学特点——以安徽财经大学为例

1. 开设的课程体系

安徽财经大学作为一所以经管为特色的多学科性高等财经类院校于2014年开设工程造价专业，并将该专业课程分为通识课程、基础课程、特色课程、专业课程、创新创业平台、实践育人平台、个性化平台七个部分。

表2.6 安徽财经大学工程造价专业所开设课程

通识课程	最低学分要求（28分）	思政类课程、体育类、写作课、跨学科全校选课
基础课程	公共基础课 （最低学分要求30分）	英语精读、英语听力、外语综合能力、计算机应用基础、数据库应用、高等数学（上）、高等数学（下）、线性代数、概率论与数理统计
	专业基础课 （最低学分要求28分）	管理学、会计学、管理信息系统、计算机程序设计、计算机程序设计（实验）、统计学、管理运筹学、财务管理与财务报告分析
特色课程	最低学分要求8分	政治经济学、微观经济学、宏观经济学
专业课程	专业核心课 （最低学分要求26分）	房屋建筑学、工程力学、工程制图、工程制图软件、土木工程概论、装饰工程计量与计价、工程经济学、工程项目管理与实务。工程造价管理、安装工程计量与计价、管理学综合实验课
	专业拓展课 （最低学分要求12学分）	企业资源规划（ERP）、工程造价软件、基建审计、土木工程测量、建筑企业财务管理、建筑工程成本规划与控制、工程招投标与合同管理、项目可行性分析与评价、建设法规、工程建筑监理
创新创业平台	最低修读学6分	就业指导、校外实践替代或修读创新创业平台课程
实践育人平台	最低修读学分14分	军事训练、社会调查、专业调查与实习、实习与实践、毕业论文（设计）
个性化平台	最低修读学分8分	学生可以选择使用辅修专业学分替代本平台学分也可以选修其他专业核心课或个性化平台课程
合计	160学分	

2. 课程体系所对应培养的能力

（1）基础能力和工程量计算能力。工程技术类基础课程比如土木工程概论、房屋建筑学、工程制图、工程制图软件、工程造价管理以及装饰装修和安装工程的计量与计价等课程的开设，培养了学生识图、绘图、定额套用、工程量计算、工程量清单编制、招标控制价与投标报价编制等工程造价所要求的基础能力。

（2）招投标管理与合同管理能力。工程招投标与合同管理课程以招投标模拟实训来进行实践教学，通过在课堂上使用招投标软件和沙盘分别组队扮演建设单位与施工单位来模拟招投标全过程，包括招标、投标、开标、评标、中标，培养学生招投标过程管理能力、招标方案策划能力和招标文件编制能力。同时，也培养了学生合同价款管理与合同价款支付与结算能力。

（3）成本规划与控制能力。建筑工程成本规划与控制、工程项目管理、基建审计等课程让学生知道如何通过技术降低成本和调整工期来进行成本的规划与控制。

（4）工程项目信息管理能力。专业基础课平台开设的管理信息系统是一个以人为主导，利用计算机硬件、软件、网络通信设备以及其他办公设备，进行信息的采集、传输、加工、储存、更新、拓展和维护的系统。

3. 财经类高校工程造价实践教学特点

（1）突显经管特色。经济类和管理类各专业知识的交叉和渗透融入更为广泛和透彻，培养了学生项目经济分析决策能力和管理技能。财经类大学的经济和管理类课程设置相对齐全，以安徽财经大学为例，管理和经济类课程不仅有工程经济、建筑工程成本控制与规划、工程项目管理与实务等课程，还开设了会计学、西方经济学、管理学、财务管理与财务报告分析、管理运筹学、ERP 原理与实训、管理类综合实验等课程，课程种类多且各类课程相互渗透，使学生不仅可以对工程项目进行经济分析，提高工程的经济效益，而且具有很好的管理能力，可以对工程的各种项目进行高效管理。

（2）具有较强的敏感性和经营意识。财经类院校对经济和管理学习较多，对政策和经济变化的敏感性和经营意识比理工类大学和综合类大学的学生强。工程造价从业人员不仅要了解招投标文件、合同协议书和各种设计施工文件，还需要及时掌握国家有关工程的法律法规的变化，收集和分析各类信息和造价资料。

(3) 实践教学比例不高。在开设工程造价相关专业的财经类大学中只有哈尔滨商业大学和石家庄经济学院两所财经类院校有土木工程类专业背景，由于缺乏土木建设学科的支撑，一部分学校的建筑技术类实践课程不能很好地开展，影响了学生在具体项目中实际应用工程造价的相关知识。

(三) 综合类大学的工程造价专业的实践教学特点——以重庆大学为例

1. 开设的课程体系

重庆大学的工程造价专业课程体系主要分为通识教育、学科大类课程和专业课程三个部分。

表 2.7 重庆大学工程造价专业所开设的课程

通识教育	思政类课程、军事课、大学英语、高等数学、线性代数、概率论与数理统计、大学计算机基础、体育类、计算方法、运筹学、CAD 技术基础
学科大类课程	管理学基础、建筑制图与识图、经济学、建筑材料、经济法、房屋建筑学、工程力学、土木工程概论、工程经济学、统计学、安装工程施工技术、建设法规、建筑与装饰工程施工技术、混凝土结构基本原理、工程项目管理、市政工程施工技术
专业课程	工程财务管理、组织行为学与人力资源管理、建筑与装饰工程造价、建设工程合同管理、建设工程项目融资、FIDIC 合同条件

2. 课程体系所对应培养的能力

(1) 培养基础技术以及工程量计算能力。CAD 制图基础、建筑制图与识图、建筑材料、房屋建筑学、工程力学、土木工程概论以及专业课程中的建筑与装饰工程造价的课程培养了学生识图、制图和计算工程量等基础能力。

(2) 培养项目融资管理能力。重庆大学专业课程平台开设的建设工程项目融资课程主要介绍了项目融资的类型和贷款的结构、项目融资的组织和融资各方关系以及项目融资的风险和担保。通过这门课程让学生了解工程项目融资的规范、方法以及合理的运作手段，提高融资方案选择能力。

(3) 培养施工管理能力。重庆大学作为一所综合类高校其理工科的学科也有不错的优势，在工程造价专业开设了安装施工技术、建筑与装饰工程施工技术、市政工程施工技术、混凝土结构基本原理等一系列施工技术类课程。

同时，也开设了组织行为学与人力资源管理、工程项目管理的课程。这些可以让学生在施工管理阶段有比较强的能力。

3. 综合类高校工程造价实践教学特点

（1）注重全面发展能力的培养。由于综合类大学内学科的多样性让它既可以提供专业细致的理工科的课程教学，又能提供较为丰富的经济类、管理类和法律类课程。比较均等的课程设置加强了文、理科的融合。

（2）注重工程造价全过程管理能力。一般综合类大学既有理工科学科基础又有财经类的特点，因此不同于理工类大学的教学重点在施工管理、财经类大学的教学重点放在投资决策和工程招投标管理上，综合类大学则是看重造价全过程管理能力，从项目决策阶段、设计阶段、施工准备阶段到竣工验收以及最后评价阶段的管理能力都有相应的课程进行培养。

（四）师范类大学工程造价专业的实践教学特点——以江西师范大学为例

1. 开设课程体系

表 2.8　江西师范大学工程造价专业所开设的课程

公共必修课	思政类课程、大学体育、大学英语、大学计算机基础
学科基础课	高等数学、线性代数、概率论与数理统计、经济学、建筑工程概论
专业主干课	管理学原理、工程项目管理、房地产经营管理、工程造价管理、工程经济学、房地产营销与策划、工程制图与识图、工程测量、建筑工程概论、建筑力学、建筑结构、建筑施工、工程估价、房地产估价、建设法规、毕业实习、毕业论文
专业选修课	房地产金融、房地产营销与策划、工程合同法律制度

2. 课程体系所对应培养的能力

培养工程造价基础能力。与上述三类大学相同，工程制图与识图、建筑工程概论、建筑力学、工程估价和房地产估价等课程的开设，培养了学生识图和制图以及工程量计算等作为造价从业人员的基础能力。除此之外，还开设了少量的经济管理以及法律类课程，培养学生的施工管理、合同管理等能力。

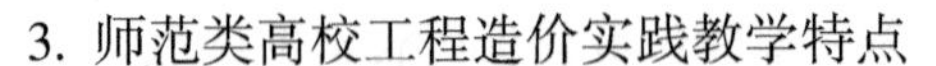

3. 师范类高校工程造价实践教学特点

（1）沟通和团队协作能力较好。工程造价的明显特性就是工程技术和经济管理的紧密结合，这一特点决定了该工作会涉及复杂的人际关系。要完整地完成一个项目的工程造价工作需要决策机关、建设单位、施工单位、设计单位，再到银行、财税和物价等部门以及企业内部互相提供资料、协同合作，这就要求高校培养学生的沟通和团队协作能力。师范类大学对于学生的人文素质以及自我表达能力的培养较多，有助于学生提升自己的语言表达技巧，使学生可以更加高效地和别人沟通。

（2）课程设置比较杂，没有方向性。师范类大学除了培养了学生工程造价基础能力外，对于核心能力和发展能力培养的课程非常的少。不同于以工程技术类课程见长的理工科大学和以经济管理为优势的财经类大学以及可以将工程技术和经管类知识相互融合的综合类大学，师范类大学自身的学科特点对于工程造价专业来说没有太大的优势和核心竞争力，因此在课程的设置上没有具体的方向。

（3）软件操作能力比较弱。现在各行各业已经普遍是电脑化办公，并且工程造价本身就要处理、计算大量的数据和资料，随着工程规模的不断扩大以及工程投资额的迅猛增长，工程造价从业人员要处理的资料愈加繁杂，通过应用一些软件可以大大提高工作效率并减少工作强度。比如在多种类型的工程造价相关软件中被应用最多、最广泛的计算工程量类型的软件和计算工程造价的软件，它们都可以快速准确地完成我们的工作目标。工程量计算软件的操作流程一般为：新建工程→工程设置（设置工程具体相关信息）→绘图输入（在软件中绘制施工图纸或直接将设计院提供的 CAD 图纸直接导入）→报表预览。软件内置了一套准确的工程量计算规则，可以根据导入的施工图纸得到精准的工程量。工程造价软件的操作流程一般为：建立项目结构→进入工程编制界面→输入工程量清单→输入工程量→清单名称描述→分部整理→措施项目清单→其他项目清单→查看报表→保存退出→生成电子招标书。软件会内置各个版本的工程定额子目，并且会自动选择取费模板，再通过电子版工程量清单快速计算汇总，自动把我们需要的各种数据资料生成。所以软件的实践操作能力的培养是工程造价人才培养体系中不可或缺的。但是从江西师范大学开设的课程可以看出几乎没有开设软件类的课程，学生很少有接受软件课程实践教学的机会。

四、完善国内工程造价实践教学的建议

（一）让行业专业协会参与课程体系设置

工程造价专业人才培养的最终目的就是向社会上的行业输送适应行业发展需求的高素质专业人才，高校工程造价专业的课程设置应该尽量与社会进行对接。社会上的专业协会就是通过最新的行业规范来公平、公正地促进行业发展，并且对相关行业从业人员进行执业资格认证。因此，行业协会可以在高校和社会之间起到一个连接枢纽的作用。然而，现在有很多的高校还没有认识到将高校专业的课程体系设置与行业协会有机结合在一起的重要性，没有充分利用行业协会在服务企业、社会与业内专业人士所收集到的有效信息。行业协会可以实时掌握行业发展的最新信息，并且清楚企业和公司的内部对人才的需求标准。通过行业协会参与课程体系的设置可以将企业对人才的需求和能力要求渗透到工程造价专业的实践教学当中。行业协会在这里起到“接收器”作用，行业协会通过对行业的了解和评估，了解行业人才需求并对未来人才能力标准有一个较为准确的预判，可以为高校人才培养收集人才能力需求，为高校设置更为完善的课程体系提供基础和方向。从另一方面来说，行业协会同时也起到“指示器”的作用。培养人才的目光不应该仅仅囿于达到眼前可以从业的需求，更应该培养人才的发展能力。为了适应科技的进步，人才培养不能只满足于基本就业能力的培养，更应该对高校人才培养体系的基本能力、核心能力和发展能力甚至是成人的继续教育提出要求。可以看出，通过这种模式来设置课程体系，可以提高高等院校的教学水平，确保工程造价专业的实践课题不会与社会脱节。

（二）紧跟行业发展，不断更新实践教学内容

工程造价专业实践教学内容应该根据工程项目的实际发展做出及时的调整和更新。当今建筑行业的发展日新月异，随着行业的发展有许多新的技术被应用到建筑行业当中。为了紧密结合社会对人才的需求以及调动学生学习的积极性，应该更新实践教学内容，引入新的工程造价软件，如 BIM。

BIM 是把建筑工程项目相关的各项工程数据作为基础，建立模型来仿真模拟建筑物实际具有的所有信息。对于工程造价专业来说，作为近些年来研

究和实践的新兴热点，它不只是 3D（4D）模型，更重要的是它还包含了可以有效提升建筑工程绩效水平的整个工程管理过程。作为在建筑相关行业中非常有前景的技术的 BIM 技术，其在国内外的运用都越来越广泛。之前我国工程造价行业大都是通过设计院提供的施工图纸来对工程量进行计算，再以计算出来的工程量为基础进行套定额计算，整个过程涉及大量烦琐的计算以及归类。现今 BIM 由于可以在绘制好的三维施工图基础上，快速且准确的输出建设项目的工程量并可以直接套用定额，许多企业和造价咨询公司开始使用这一技术。BIM 技术的发展与推广，极大提升了工程量计算的正确度和效率，同时对工程造价的投资估算、设计概算、修正设计概算、施工图预算、合同价、结算价、实际造价共七个阶段都有很大影响。

工程造价专业作为一门注重实践性的技术类学科必须紧跟行业的发展，必须要把 BIM 技术融入实践教学中。虽然目前有很多高校在本科时已经开设了 BIM 课程，但是大多数 BIM 的教学只涉及了表面的基础功能，只学习了基础的如何绘制简单的 3D 施工图纸。应该加深对 BIM 的学习，应用 BIM 将工程项目的全生命周期不同阶段的具体过程、各种资源以及相关数据进行连接，使全产业链深度融合，从而可以分析多种类别，实现对工程项目生命周期全方位的预测和控制。比如，用一个具体工程项目作为案例让学生进行全过程模拟，从识图、构建 3D 模型、编制施工组织设计、算量和计价、软件碰撞检查、模型修缮与完善，让学生可以更加深刻地了解工程造价全过程的内容，提高学生的动手实践能力。同时，基于 BIM 技术的可出图性、可视化和模拟性的特点，将这一技术融入实践教学中，让传统的平面教学走向信息化、仿真化，可以大幅度提高学生学习的积极性。

（三）工程造价管理全过程连续进行实践教学模块

可以按照学科大类组建学科平台课程，根据学科大类的特点选择一些较为复杂的工程项目来设计综合实践课程、作为学生的实践研究课题，以此来减少专业课程之间的不连接。学生可以在刚接触专业课程开始就组成 5 至 6 人的课题小组并由一名专业老师负责，在工程造价管理全过程，连续进行实践教学，培养学生的实践能力与团队精神。在进行这种实践教学的过程中还可以与企业合作，全程或分段参与企业的项目当中，将学生在校所学的专业知识与社会需求紧密联系起来。

第三章　工程造价专业能力结构标准

第一节　造价工程师知识与能力要求

要想有效把控建筑工程结算和提高建筑工程预算编制质量，就必须树立正确的价值观和坚持为建设单位服务的敬业精神，对造价过程严格要求，维护国家和建设单位的合法权益，一分一厘当思之不易。而造价工程师在整个工程中扮演了十分重要的角色，造价工程师是既懂技术又懂得经济、管理，并可以将三者很好结合在一起的人，从而能够有效地利用人力、物力和建设资金，有效控制工程造价限额并使其获得最大投资效益。

国际社会上普遍结合市场需求，对工程造价专业人员在业务领域内必须具备的能力，国内外制定了相对成熟的专业认证能力标准。针对国外造价工程师能力标准及我国相关情况，下面对我国造价工程师的标准进行分析和讨论。

一、国外造价工程师的能力要求

在国际社会上，较为典型的是由英国皇家特许测量师学会（RICS）制定的工料测量师专业认证能力标准，亚太区工料测量师协会（PAQS）、澳大利亚工料测量师学会（AIQS）也制定了适用于自身的工料测量师知识结构和能力标准。如表 3. 1 所示，多数国家和地区对工程造价管理人员的核心能力标准进行了分层管理，主要包括强制性能力（基本能力）、核心能力和专家能力（可选能力）三个层次。其中，强制性能力是指专业人员在项目建设的各

表 3.1　工料测量专业认证能力标准

行业协会	能力级别	立项阶段	设计阶段	招标签约阶段	施工阶段	竣工结算阶段
RICS	强制能力	行为规则，职业道德及专业实践能力	冲突避免和争端解决能力；会计原则及实践力	数据管理能力，客户关系维护	健康与安全，沟通和谈判技巧，持续发展能力	团队合作能力，商业规划能力
	核心能力	项目财务控制及报告能力	成本估算能力	采购与招投标能力，建筑商业管理或设计经济学	合同管理知识，建造技术及环境服务能力，施工过程的测量及成本估算能力，能提出合理的咨询意见并达到一定技术知识的深度	
	可选择能力	方案编制和规划能力，项目评估能力，尽职调查能力	建筑商业管理或设计经济学与成本估算能力		合同管理能力，保险知识，风险管理能力	冲突规避、管理和争议解决程序、持续性发展的能力，资金补贴知识，企业复原与破产知识
PAQS	基本能力	计量/测量技术能力	沟通能力、与人相处的能力，业务管理能力	专业实践能力，计算机和信息技术能力	施工技术能力，掌握建设法律	施工技术能力，掌握建设法律、法规知识
	核心能力	策略规划、会计管理、可行性研究的资产财务管理能力	预算程序、成本估算的能力	招投标过程、采购的一般性建议、合同文件的采购管理能力	成本计划的成本管理能力，施工变更管理的合同管理能力	

续表

行业协会	能力级别	立项阶段	设计阶段	招标签约阶段	施工阶段	竣工结算阶段
PAQS	专家能力	技术尽职调查能力，研究与发展能力，成本信息数据库知识	全生命周期成本管理能力，可施工性环境分析能力，项目价值管理知识	合同前审计能力，合规条款知识，计算机服务能力	项目管理能力，项目风险管理能力，质量保证知识，索赔与争议解决力，测量和数据统计分析能力，资源管理能力，业务管理能力	合同后审计能力，仲裁知识，专家证言/证据知识，建筑施工财务审计能力
AIQS	基本能力	量化/测量、施工技术	专业惯例、施工法律和规章	沟通技巧、个人和人际关系技巧	计算机和信息技术能力	业务和管理技能
	核心能力	战略计划，一般采购建议，会计管理能力	预算程序	成本估算	投标过程，计算机服务	量化/测量和文档、成本计划、施工变更管理能力，施工技术、政府制度和法律知识能力
	专家能力	研究与开发，成本信息数据库，可行性研究，技术尽职调查	生命周期成本，项目价值管理	合规事务	索赔和争端解决，资源分析，业务管理，项目管理	财务审计，仲裁，专家认证/证据，税收折旧

（资料来源：朱宝瑞、席小刚，2018）

个阶段都应具备工料测量的能力；核心能力是指其在工程造价部门工作的重要技能；而专家能力是指其在有关工程建设领域需拓展的相关技能。这样的设计，有利于对从业人员实施循序渐进的培养和建立终生学习的理念，同时，也有助于对不同能力从业人员的岗位任命。

二、我国工程造价师能力要求

我国工程造价师执业范围较广，包括编审建设项目投资估算及评价项目经济效益，编审工程概算、预算、结算，标底价、投标报价，变更工程及调整合同价款和计算索赔费用，有效控制建设项目各个阶段的工程造价，鉴定工程经济的纠纷，审查及编制工程造价计价依据以及与工程造价业务相关的其他事务。因此，一名优秀的造价工程师，应该具备表 3. 2 中的基本专业要求。

表 3. 2　我国工程造价师专业技能标准

序号	能力类别	基本技能	核心技能	专家技能
1	工程计量及估价	熟悉相关法律法规制度规范，掌握建设项目投资构成内容、各类工程计量规则，掌握各类计价文件的编制内容、方法	手工或应用软件编制和审核各类计价文件，编制和计算工程单价，开展动态结算和实行资金管理，办理竣工决算	预测工程造价变化和风险，动态跟踪工程价款，提出改进工程设计和优化工程计价的建议，分析、总结工程投资
2	工程策划与项目评价	了解项目策划、资金筹措和融资的内容和政策，熟悉项目建议书、可行性报告、后评价报告编制的相关要求	工程方案经济性建议，融资方案对比分析，资金计划编制，财务评价和项目后评价	对项目策划、融资、建设等提出合理化建议，辅助项目进行选址、环境、资源开发、节能等分析
3	设计方案优化与评价	了解设计标准，熟悉价值工程、全生命周期成本分析、设计方案评价的方法	方案评价，限额设计下的方案论证，设计阶段造价监控	用价值工程、全生命周期成本分析等方法进行设计方案优化和评价
4	工程采购与招标投标	熟悉工程招标、采购的法律法规，熟悉合同文本	编写招标文件相关内容、招标控制价、标底、投标报价，现场调查、询价	价格变化趋势分析，施工造价风险预测，代理招标，制订项目管理规划

续表

序号	能力类别	基本技能	核心技能	专家技能
5	工程成本和资金管理	熟悉工程成本管理的流程和方法及政府投资项目资金管理要求	编制资金使用计划，施工方案和施工组织设计经济分析，工程结算、投资偏差分析，成本管理	全生命期成本的分析，资金计划管理、汇集和拨付管理，协助竣工财务决算
6	造价纠纷处理和司法鉴定	掌握造价管理的法律、法规、政策，熟悉争端解决程序	编审造价纠纷的投诉书、解决方案、审价报告等	对重大投诉事项处理提出意见
7	工程造价审计	熟悉工程造价审计、全过程工程造价管理相关规定及规范	各类计价文件的审计并出具审计报告，实施全过程审计监督	项目全过程造价管理，协助相关各方开展造价管理具体工作
8	工程合同管理	熟悉建设工程施工合同的标准文本、FIDIC合同条件及其他合同文本	编制合同文件中造价管理相关条款，处理工程变更、索赔、争端	预测工程造价的变动及对合同价款的影响并提出建议和方案
9	工程造价信息管理	了解造价信息管理的相关规定，掌握工程造价指数的编制及应用方法	采集、分析、整理和处理各种工程价格信息，熟练应用工程造价信息，提供工程单价和工程成本的咨询服务	掌握工程领域造价动态，预测和分析工程造价变化趋势，开发工程造价信息数据库，编制企业定额
10	工程项目风险管理	熟悉工程项目风险管理、工程保险的相关规定、方法与技术	编制风险管理计划，识别、评估风险，预测量化损失，监控防范和处置风险，查核工程保险理赔	全面风险管理，提出挽回风险损失建议，提出风险索赔，利用金融工具分散风险，风险信息化管理
11	项目目标集成管理	了解项目集成管理的基本理论、方法和手段	编制多目标集成管理计划，综合平衡和优化项目集成成本计划，综合计划的执行监督和纠正	项目管理要素的协同优化，出具多目标集成管理方案，构建项目的资源协同机制，实现项目群资源的共享

（资料来源：严玲、张亚娟，2013）

三、国内外造价工程师能力要求优缺点

（一）国外造价师能力要求优缺点

工料测量师能力标准通过分层次进行划分，分为基本能力、核心能力、专家能力，使能力更加分明，在进行学习的过程中更加清楚，在实践应用上更好地满足了行业市场对专业人员不同层次的能力要求。除此之外，通过表3.1可知，英国及亚太地区在工料测量师的基本能力上，更注重沟通能力和人际关系处理能力的培养，这样可以在整个工程进度中避免一些不必要的冲突从而保证工程顺利进行；在核心能力上则对工料测量师更加强调其在施工领域中处理现场的技术、经济以及管理层面的综合能力，确保整个工程可以进行有效的控制；在专家能力上强调工程测量行业的专业素质、研究能力，能够对自己负责的在建项目做出评价、给出建议、解决纠纷问题的能力，这样可以更加清楚自身的不足以及在整个过程中所犯的一些错误，进行有效的分析，在今后的工作中可以更好地规避。

但是表3.1中的能力标准也存在一些不足，例如在基本能力的培养上对于刚入职工作的学生，只能从事相关行业最基本未涉及具体建设项目阶段的工作，这样会导致学习进度缓慢，培养时限较长，加大公司在人才培养上的花费；而且对于专家能力要求很难量化，只能依靠工料测量师自身，在基本考试中无法进行实际考察。

（二）国内造价师能力要求优缺点

由表3.2可知，国内工程造价师能力标准是依照整个工程进度的各个阶段所需要的能力进行标配的，在能力培养上十分全面且针对性强，使工程造价师不仅具有基本的知识和技能，还具备从事造价咨询工作的诸如沟通表达与团队协作等方面的能力，以及保证人才可持续发展的职业道德、自我实现意识与价值观念等核心胜任力。这样更加适合选拔和培养高素质、复合型工程造价管理人员，确保其基础知识的稳固扎实。

但是我国在能力培养上有些过于应试，这样可能会导致学习人员在实际工作中欠缺灵活性。除此之外，培养模式没有层次，广而不精，会导致小外延下的专家人数的减少。

第二节　工程造价专业能力要求

一、工程造价专业能力架构

根据上述对国内外造价工程师的能力要求分析，以及我国造价工程师的执业现状及特点，提出我国工程造价专业能力标准的要求，如图 3.1 所示。

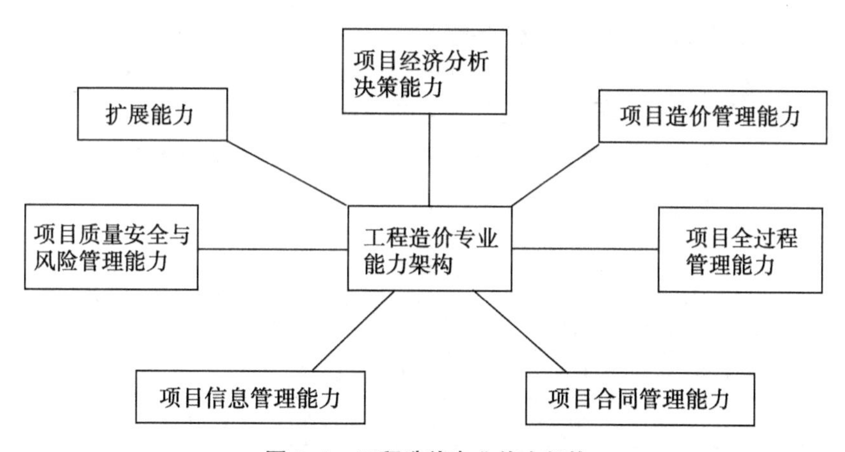

图 3.1　工程造价专业能力架构

（1）工程项目经济分析与决策能力。这要求学生掌握建设项目各阶段的相关经济分析和项目决策的基本知识，具备快速编制项目建议书、项目可行性研究报告及进行项目评估的能力。

（2）工程项目造价管理的能力。这要求学生掌握建设项目各阶段工程造价的计价和控制的基本知识，具备快速进行建设项目全过程造价管理和造价咨询的能力。

（3）工程项目全过程管理能力。这要求学生在建设项目的各阶段分对象、分内容地掌握项目管理的基本知识，具备熟练地在项目的全生命期中进行项目管理和施工现场组织管理的能力。

（4）工程项目合同管理能力。这要求学生掌握建设项目的各个阶段的合

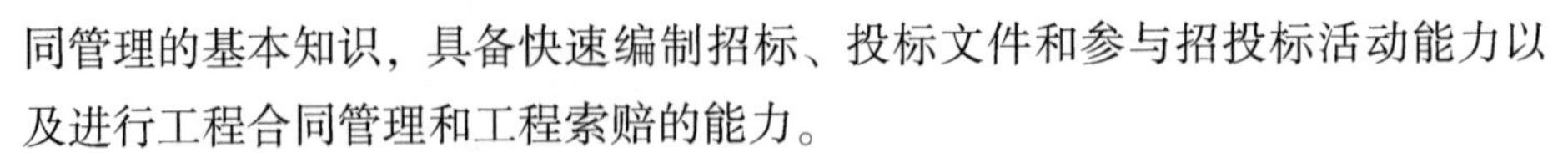
同管理的基本知识，具备快速编制招标、投标文件和参与招投标活动能力以及进行工程合同管理和工程索赔的能力。

(5) 工程项目质量、安全与风险管理能力。这要求学生掌握建设项目各个阶段的质量管理、安全和风险管理的基本知识，具备进行有效的项目质量控制和施工现场安全管理的能力。

(6) 工程项目信息管理能力。这要求学生掌握建设项目各个阶段的项目信息管理的基本知识。

(7) 专业的扩展能力。这要求学生掌握工程管理专业相关的前沿知识，具备本专业前沿知识和相关的知识的扩展能力。

二、工程造价专业能力培养比较

通过三类大学（以重庆建筑大学为例的建筑类大学、以安徽财经大学为例的财经类大学、以天津大学为例的综合类大学）工程造价课程的设置比例，分析工程造价专业能力的培养要求。

表 3.3　各类大学与工程造价相关专业课程比例示意

学校名称	管理类（%）	工程技术类（%）	经济类（%）	法律类（%）
重庆建筑大学	21.12	31.02	11.22	2.64
天津大学	23.40	22.61	17.02	3.19
安徽财经大学	18.75	13.75	12.5	1.25

从表 3.3 可以很清晰地看出无论是综合类的大学、财经类的大学还是建筑类的大学，工程技术类的课程所占的比例都是最高的，工程技术类课程相对来说十分重要，可见工程技术平台课程对于从事造价工作人员的重要性。工程技术类平台课程包括工程制图、建筑材料、房屋建筑学、工程力学、建筑与装饰工程施工技术、工程地质与基础工程、安装工程施工技术、混凝土结构基本原理等，使学生掌握造价相关的技术能力以及房屋结构的相关原理，这些是造价专业的基本能力，是从事造价及其相关行业的工作基础。

同时，从第二章表 2.5~表 2.8 各高校工程造价专业具体课程设置可以看出，不同类型高校对工程造价专业能力的培养存在一定差异。

综合类大学注重培养学生全面发展能力，注重培养学生工程造价全过程管理能力。理工类大学重视工程技术能力培养，但对项目前期的投资决策阶段能力培养不够，经济效用分析或风险效益分析的能力培养需进一步加强。财经类院校更加注重学生培养项目经济分析决策能力和管理技能，注重经济管理知识在工程技术的交叉和渗透融入，注重培养学生对政策和经济变化的敏感性和经营意识，但土木工程技术对专业的支撑力度需进一步提升。

三、工程造价专业能力结构标准

工程造价专业学生需要打好基础，广泛学习各方面的理论知识，注重实践，着重学习管理、经济、法律、信息及土木工程技术等基础知识和专业知识，使自己成为具备优秀品质和良好的适应能力，能从事工程预算、工程结算、工程估价、工程融资、工程投资等工作的高素质、复合型人才。我们认为工程造价专业能力标准可以参考表 3.4。

表 3.4　工程造价专业能力结构标准

<table>
<tr><th rowspan="2">阶段
能力</th><th rowspan="2">决策阶段</th><th colspan="3">实施阶段</th><th rowspan="2">竣工阶段</th></tr>
<tr><th>设计</th><th>招投标及合同</th><th>施工</th></tr>
<tr><td>基本能力</td><td colspan="5">基础技术能力、项目管理、相关法律法规、经济理论基础</td></tr>
<tr><td>核心能力</td><td>可行性研究的编制能力
投资估算、概算的编制能力
造价信息的运用能力</td><td colspan="3">工程计量能力
工程计价能力
工程造价分析、控制能力
招投标文件的编制能力
投标书的评定能力
成本与支付管理、争端解决、变更管理能力</td><td>工程结算与决算能力
建设单位会计与审计能力
项目后评价的编制能力</td></tr>
<tr><td>发展能力</td><td>项目价值管理
客户关系管理
企业战略管理</td><td></td><td>项目成本管理、支付管理、争端解决、变更管理能力
项目采购管理</td><td>索赔管理
与客户进行沟通的能力</td><td></td></tr>
</table>

第四章　工程造价专业实践教学课程体系

第一节　构建应用型实践教学体系的基本原则

应用型人才培养强调在人才培养的过程中将理论运用于实践，在课程设置时应注意联系实际，提高对实践过程的认知。构建应用型实践教学体系应突出目标性原则、混合性原则、可行性原则和差异性原则。

一、目标性原则

应用型人才培养目标下工程造价专业实践教学应紧密围绕应用型人才培养目标设置，准确定位目标，提高学生独立思考、自主解决工程造价实际问题的能力，使工程造价专业课程得到有效掌握，提高在未来实际工作中的工程造价能力，并且在设置实践教学课程、技能训练、课程设计时以此为目标，确保培养出来的毕业生符合应用型人才培养目标。

二、混合性原则

混合型原则主要体现在混合教师教学类型、混合理论教学和实践教学、混合课堂和实验室等，冲破传统的按学科设置实验室，淡化理论教学和实践教学的范围，形成一体化的混合工程造价专业教学模式。

三、可行性原则

在课程体系的设置中，若是只注重理论上的新颖而没有实际可行性来支撑，那么相信这个课程设置也是毫无意义的。因此在实践教学课程设置时，应注意课程设置的可行性，不做无用功。在具体的实践课程、实验实训中，需要细化方法和步骤，与要求的标准相匹配。

四、差异性原则

构建实践教学体系应体现差异性和特色化。根据各个学校本身的特色不同，合理设置，借助学校本身的校情，在构建实践教学体系中有所侧重，突出特色。比如说财经类的院校依托于本身的经济学优势发展专业，理工类院校依据本身的土木专业优势发展工程造价专业等，切忌千篇一律的同质化。

第二节　应用型实践教学课程体系构建

实践教学主要内容体系是构建应用型实践教学体系的主体，也是其核心组成部分。结合以上分析，对课程设建立三大模块、五大平台，促进工程造价专业课程更加具有系统性、全面性。

一、三大模块

（一）课程模块

工程造价专业应用型实践人才培养模式将开设的课程分为公共课模块（包含公共必修课、公共选修课）、学科公共课模块、专业课模块（包含专业拓展课、专业核心课）、实践教学模块（包含独立实验实训课程、课外实践活动、实习、论文）。

将实践教学模块分为基础实践环节、专业实践环节和综合实践环节。基础实践环节包括通识教育系列课程中的实验课、军事训练课、义务劳动、公益活动、社会调查等实践活动，着重培养学生的基本技能与素质；专业实践环节包括学科基础系列课程与专业方向课程中的实验课、工程训练、学校组织见习、课程设计、认知实习、第二课堂等实践活动，注意训练学生的专业技能；综合实践环节包括毕业实习、毕业设计（论文）、创新实践、社会服务等实践活动，着重培养学生运用所掌握的知识和技能从事实际工作的能力。学生利用课余时间，结合教师科研和大学生学科竞赛等，在校内外实践教学基地开展各类技能练习活动，使实习实训的时间得到充分保障。

依据应用型培养目标，结合社会发展的需要和地方经济发展的需求，加大实践教学比例，使基础实践、专业实践和综合实践三个层次的实践教学模块得到完善，完善由实验、课外社会实践、课外科技创新活动、实习、见习、课程设计、毕业设计（论文）等环节组成的实践教学体系。以实验教学和上机训练为基础，以实习、课程设计、科研训练、毕业设计（论文）为重点，以课外社会实践和课外科技创新活动为补充，与理论教学相互协调，着重巩固理论知识，加强动手能力和专业技能，培养学生的创新精神和实践能力。

对于实验课程模块工程造价专业实验课程体系的设计要求有如下几点。

1. 应符合实验课程的一般实验特征

这些特征也是实验课程体系区别于普通的实践课程体系的首要标志。从目的来看，实验不仅验证教科书的理论知识，更注意培养学生正确并标准化使用设备仪器，进行测试、调整、分析、综合和设计实验方案，编辑并总结实验报告等的能力；从场合来看，实验主要是在实验室或者实验基地进行；从过程来看，实验是在人为控制条件下，控制定量求变量，从而引起实验对象的变化；从结果来看，实验是对于数据通过观察、测量和统计分析从而得出某种结论，并通过实验结果表现出来（王学通等，2011）。

2. 实验内容应以工程造价的实践发展为依据

实验内容应当根据工程造价的实践发展来制定，以适应工程造价行业发展的时代要求。实践课程除进一步训练学生传统全过程工程造价技能之外，还关注对学生信息化能力的训练，特别是随着信息技术和互联网等科学技术的发展与应用。人工智能逐渐进入生活的方方面面，将人工智能融入工程造价中，大大提高了运算效率，这将是工程造价实践需要大力关注的一个方向。

3. 实验课设置应符合三个方面的体系性要求

首先，应保证学科知识内容的体系性，即从工程技术、经济、管理、法律、信息五个方面，每个方面内容都应该有所涉及，以保证知识体系的完整性。其次，是实验课程类型的体系性，即在公共课、专业拓展课、专业核心课上的比例设置。最后，在实验项目类型的设置上，应设置不同类型的实验项目，比如基础性实验课、设计型实验课、研究型实验课、设计型实验课等，应该注重后三者的占比，以保证在培养学生创新思维时发挥作用。

（二）能力模块

执业资格制度是政府机关对执业责任重大、社会通用性强、关系公共利益的专业技术工作实行的准入控制制度。工程造价专业学生就业、创业的领域主要在地产公司、建筑公司或者咨询公司的工程建设行业，建设行业基本上都要求实行专业人员资格准入控制，获得执业注册师是建设工程专业人员在特定专业独立从事某一特定专业技术工作的必备条件，即从业人员的执业能力达到执业资格考试合格后，才能获得执业注册师（陈德义、李军红，2011）。因此，工程造价专业应用型创新人才培养模式可设置与执业资格相对应的投资与造价管理（注册造价工程师）接轨。

知识结构应满足下述要求：使学生应初步具有工程造价管理、工程项目评估的能力，初步具有编制招投标文件和投标书评定的能力，初步具有编制和审核工程项目估算、概算、预算和决算的能力，初步具备进行工程成本规划与控制的能力，掌握相关工程管理类（建设类）专业人员国家执业资格基础知识。坚持以“服务为对象，就业为导向”的计划，加强学生的职业技能训练，注重学生就业能力、职业能力和工作能力相互转换的能力培养。在知识、能力方面，强调工程技术及计量、计价原理的掌握与运用，并不断与国际、国内相关法规结合，更新教学内容，让学生及时掌握最新的施工工艺及国际、国内最新的工程造价管理规则。在教学过程中，坚持工程造价管理理论教育与工程造价实践训练并重的思路，通过产学研结合、校企合作的人才培养途径，突出培养学生的实践能力与创新精神。

（三）素质模块

工程造价专业应用型实践人才培养模式将开设土木工程类模块、经济类模块、管理类模块、信息技术和法律类模块五大知识平台课程。针对市场对于综合性人才的需求，在人才培养的过程中，应注重学生工程造价专业知识、经济、管理、法律、信息五个方面的综合素质培养，培养出一批既懂工程造价技术知识，又懂工程造价理论知识及相关的经济、管理法律的相关知识的专业型人才。具备全过程管理素质的应用型和复合型人才，在逐步发展的工程造价行业将显得尤为重要。

二、基于三大能力的体系构建

（一）基于三大能力的五大平台体系构建

通过对工程造价专业结构能力标准的分析可知，基本能力是在高等教育中获得的，并为以后工作和能力的发展提供一个平台，如测量、沟通技能、自我与人际能力、商务与管理技能、计算机信息技术、施工技术、建筑经济、建设法律法规等能力；核心能力是指一名合格的造价师所必须掌握的能力，如项目成本管理、资产财务管理能力等；发展能力是指与造价能力相关的领域所获得的技能，在某些领域可以成为主要的商务能力，如全过程造价管理、仲裁、索赔、风险管理等能力。

以行业岗位需求为目标，依靠专业资源，通过对造价工程师的知识与能力要求以及工程造价专业能力要求的调查和研究，从而确定实践课程模块的设置，并在完善基础实践模块的基础上，搭建立体化的实验教学模块。

基于以上三大能力，为配合学校培养人才的需要，有效掌握工程造价专业技术能力、经济学、管理学、法学等相关基本理论，在项目中采用现代化的管理决策方法和工程管理理论并且有效结合执业资格考试内容，工程造价专业需要培养T型结构人才。一横表示拥有广阔的知识背景，如技术、经济、管理、法律、信息管理等；一竖表示在上面的某一面有深入的理解和掌握，具备较强的动手和实践能力，并且在技术、经济、管理、法律等方面有机结合，强调复合型、实践型的人才培养。

对应工程造价专业能力结构标准基础及高校对培养工程造价专业学生的目标，本章构建出“五个平台”课程组成，即技术平台、经济平台、管理平台、法律平台和信息平台。

（二）基于五大平台的课程体系模块构建

1. 课程设置

高校在设置专业培养课程体系时，要考虑促进专业大能力的培养。本科高校课程体系对能力标准的响应，主要是对基础能力和核心能力的发展和响应。根据上一章工程造价专业的能力要求，得出以下课程构成。

（1）工程项目经济分析与决策能力。这要求学生掌握建设项目各阶段的相关经济分析和项目决策的基本知识，具备快速编制项目建议书、项目可行性研究报告及进行项目评估的能力。为了培养这一能力，开设了工程经济学、统计学、投资分析、项目可行性分析与评价等课程。

（2）工程项目造价管理的能力。这要求学生掌握建设项目各阶段工程造价的计价和控制的基本知识，具备快速进行建设项目全过程造价管理和造价咨询的能力。为了培养这一能力，开设了工程造价管理、工程项目管理、投资分析、工程力学、房屋建筑学、土木工程等课程。

（3）工程项目全过程管理能力。这要求学生掌握建设项目各阶段分对象、分内容进行项目管理的基本知识，具备熟练地在项目的全生命期中进行项目管理和施工现场组织管理的能力。为了培养这一能力，开设了工程项目管理与实务、工程项目管理、工程建筑监理等课程。

（4）工程项目合同管理能力。这要求学生掌握建设项目各个阶段合同管理的基本知识，具备快速编制招标、投标文件和参与招投标活动能力以及进行工程合同管理和工程索赔的能力。而为了培养这一能力，开设了建设法规、采购管理、工程招投标与合同管理等课程。

（5）工程项目质量、安全与风险管理能力。这要求学生掌握建设项目各个阶段质量管理、安全和风险管理的基本知识，具备进行有效的项目质量控制、和施工现场安全管理的能力。而为了培养这一能力，开设了企业战略管理、项目风险管理、争端解决等课程。

（6）工程项目信息管理能力。这要求学生掌握建设项目各个阶段项目信息管理的基本知识，具备对项目实施信息化管理的能力。这一能力的培养虽然没有涉及某一专门课程，但在很多课程里面均涉及这一能力的培养，如装饰工程计量与计价、安装工程计量与计价、建筑工程成本规划与控制、工程项目管理、管理信息系统等这些课程里都涉及信息管理能力的培养。

（7）专业的扩展能力。这要求学生掌握工程管理专业相关的前沿知识，具备本专业前沿知识和相关知识的扩展能力。为了培养这一能力，开设了价值工程、企业战略管理、基建审计、项目风险管理等课程。

结合第三章工程造价专业能力结构标准的基本能力、核心能力、发展能力，根据上述工程造价专业人才能力结构得出的课程体系，基于五大平台要求，得出表4.1工程造价专业人才能力结构与平台课程设置。

表4.1　工程造价专业人才能力结构与平台课程设置

平台 能力	技术平台	经济平台	管理平台	法律平台	信息平台
基本能力	建筑技术 房屋建筑学 工程力学 土木工程 土木工程测量	工程经济学 统计学 投资分析	建筑企业财务管理 企业资源规划（ERP） 管理学综合实验课	经济法 建设法规	计算机应用技术
核心能力	工程造价管理 装饰工程计量与计价 安装工程计量与计价 建筑工程成本规划与控制 工程制图及软件 项目管理软件应用 土建 CAD BIM 软件应用	项目可行性分析与评价	工程项目管理与实务 建筑企业财务管理 工程建筑监理 工程项目管理		数据分析
发展能力	管理信息系统	价值工程	企业战略管理 项目风险管理 基建审计	合同法规	管理信息系统

2. 三大能力对应的课程设置

（1）一般能力对应的课程设置。

对应于一般能力的基础技术能力、项目管理、相关法律法规、经济理论基础的需求，在技术平台设置建筑技术、房屋建筑学、工程力学、土木工程概论、土木工程测量等课程，便于学生掌握专业基础课程的理论知识，为后期的专业实践打下良好的基础。

建筑技术课程不仅从整体的外观层面考虑，更是由外及里，考虑内部设计与施工工艺、设计结构等，从而强化基础理论学习。设置传统的房屋建筑学、工程力学、土木工程课程作为技术理论支持。

房屋建筑学课程主要围绕着房屋，从房屋建筑学研究的内容到建筑物的组成构建及其所发挥的作用，经常使用的结构支承系统所适用的建筑类型以及建筑构造，工业建筑设计，工业建筑构造等。通过房屋建筑学的学习，完善本科高校学生基础的建筑理论知识的理解体系。

工程力学课程是一门理论性很强，从基础性角度介绍众多力学和工程技术的学科，并且是与工程技术联系非常为密切的技术基础学科，工程力学的定律、定理和结论广泛应用于工程技术中，在解决工程实际问题时发挥着理论性的基础作用。通过工程力学课程的学习，本科高校学生对于基础力学结构技术能力具有更好的理论基础。

土木工程概论课程介绍土木工程专业的基本内容，通过本课程的学习，使本科高校的工程造价专业的学生能够在对基础的土木工程理论理解的基础上算量算计，使学生的学习更加具体化，符合应用型人才培养的目标。

土木工程测量课程在介绍测量的基本概念、原理的基础上，遵循理论联系实际和突出实用的原则，引入了先进的现代测量技术，并将“测量学”教学改革成果融入教材。在章节安排上注重由浅入深、循序渐进，强调知识体系的严密性和完整性，着重从测量的基础知识、测定和测设三个模块进行介绍。通过土木工程测量实践课程的设置，使课程体系的设置更加全面，通过实例教学促使学生把握实际项目的运作。

在经济平台设置工程经济学、统计学、投资分析课程来达到经济理论基础的需求，依据应用型人才的目标，一级造价师考试明确表示将工程经济学作为考试重点，因此在课程体系中设置工程经济学，为学生未来的工作考证道路打下基础。

工程经济学课程是研究如何使工程技术方案（或投资项目）取得最佳经济效果的一种科学的评价体系。工程经济学是通过结合在生产实践中所积累的技术经验而发展出来的，使经济平台课程更加具有实践性。

统计学课程是通过搜查、分析和整理数据等手段，以达到推测对象的本质，甚至能够预测选定对象未来的一门综合性学科。正是因为其中包括多方面的专业知识，包括数学和其他专业，从而通过对统计学的学习，提升数学素养，增强学生通过搜查、分析和整理数据手段来思考问题的逻辑思维能力。

投资分析课程是金融学专业的核心课程，结合国外投资市场，联系我国市场实际，系统地介绍了西方经济学的基本理论和主要原理，使学生通过投资分析课程的学习更具有经济学的思维，使课程设计在经济平台上更加全面。

在管理平台设置企业财务管理、企业资源规划（ERP）、管理学综合实验课程。为提高实践能力，在设立建筑企业财务管理课程的基础上，设立了企业资源规划（ERP）、管理学综合实验课的实验操作课课程。

企业财务管理课程是在一定的整体的目标下，关于资产的投资、资本的融通和经营过程中现金流量（营运资金），以及利润分配的管理。

企业资源规划（ERP）课程从 ERP 系统的原理和 ERP 系统的实施以及 ERP 系统的实验分别引导学生使用 ERP，并且每章开始都有教学知识点和导入案例，每章结尾都有小结、中英文对照的关键词、思考题和阅读书目。通过本课程的学习，使学生熟练操作 ERP 系统，使学生在工作时，面对更多与此类似的操作系统时更加熟悉，便于理解和吸收。

管理学综合实验课程是模拟企业的真实运作，学生自主运作，以培养学生担任不同角色的管理能力。

在法律平台设立了经济法、建设法规课程来提升学生专业职业的法律素养。通过对基础能力的课程进行丰富，使课程体系的设置对学生基础能力的培养有所帮助。

经济法课程对经济法学基本理论的论述系统而又全面，运用最新的研究成果，在案例运用中采用了最新的法制案例。

建设法规课程对我国现行的建设法规从工程建设程序、工程建设执业资格、城乡规划、工程承发包、工程建设监理、工程勘察设计、建设工程质量管理、工程建设安全生产管理和建设工程合同管理等方面进行了较为全面的介绍，并从法理角度予以一定的解释。

在信息平台设置计算机应用技术课程，计算机应用技术课程培养学生具备专业的管理学基础理论、计算机的科学技术知识以及在运用过程中的实践运用能力，培养学生信息管理、信息系统设计等的专业知识。

（2）核心能力对应的课程设置。

在基础能力的基础上，更进一步加强学生的专业能力，在技术平台设置工程造价管理、装饰工程计量与计价、安装工程计量与计价、建筑工程成本规划与控制、工程制图及软件等课程。

工程造价管理课程是指通过科学的原理和方法，在具有统一目标和责任的前提下、在符合政策的前提下，进行的全方位和全过程的业务活动和组织行为。其在理论上归纳了工程造价的可行性研究、投资估算、投资概算、工程结算、工程决算和工程计量，培养学生的知识综合应用能力和设计能力，加深学生对专业课程理论知识的理解与掌握。

装饰工程计量与计价、安装工程计量与计价课程以项目为教学组织单元进行能力训练，更加详细地分部介绍了安装和装饰两个模块，帮助学生循序渐进地掌握课程的知识和技能，并且增加了相应配套的计算机软件应用课程，从理论和操作上加强学生的理解，是培养学生动手能力和创新意识的一个重要手段，是理论教学与实践相结合的重要途径，是体现素质教育的一个重要方面。软件的上机操作训练是学生理论联系实际、学以致用的实践机会，是对课堂教学的必要补充，学生通过实际上机操作训练，进一步巩固和强化所学理论知识，增强学生的专业素质和实际经验。

建筑工程成本规划与控制课程讲述了成本相关的规划与控制，从公司角度和项目部角度，讨论施工企业如何在决策层、管理层和实施层等各层面进行全面的工程项目成本控制。

在经济平台设置项目可行性分析与评价课程，项目可行性分析与评价课程重点介绍了可行性研究的编制，增强了工程项目经济分析与决策能力。

在管理平台设置工程项目管理与实务、建筑企业财务管理、工程建筑监理理论、工程项目管理、工程招投标与合同管理、采购管理等课程。

工程项目管理实务课程总结了实际工程项目的最新研究成果，参考国际惯例，依据最新的工程项目管理规范，系统地介绍工程项目的管理方法。通过对案例的分析，使学生对工程项目产生一种轮廓性的理解。

建筑企业财务管理课程包括企业财务管理各方面的专有名词，通过对财务管理的学习，全面性地学习工程造价主业。

工程建筑监理概论课程简述了建设工程监理与相关法规、建设工程项目管理与监理的任务、监理工程师和工程监理企业等内容。监理课程的学习对于未来准备前往监理方向工作的学生将是一个必要性的课程。

工程项目管理课程论述了工程项目管理的过程，介绍了工程项目从规划、决策、实施到竣工验收全过程的管理理论以及方法，主要包括工程项目的策划、工程项目体制、工程项目的组织、工程项目控制、工程项目计划、工程项目合同与索赔、工程项目风险管理、工程项目职业健康安全与管理等内容。从管理者的角度去完善工程造价体系。

工程招投标与合同管理课程从建设工程项目管理的发展开始，由表及里，系统全面地论述了工程招投标与合同管理的相关知识。其内容包括工程招投标的相关知识，工程开标、评标和定标，国际工程招投标，工程合同管理的相关知识，工程施工合同管理，工程施工索赔管理及争议处理，国际工程合同条件。本书在进行理论阐述的同时，融入了大量案例分析与实际范本。通过学习，可以掌握工程招标、投标、合同管理的基本知识和操作技能，具备组织招投标工作、编制招投标文件、进行合同管理的能力。通过学习，使学生对于招投标的理解更加全面，并且对希望就业于招投标事务所的学生而言，这门课程显得更加必要。

采购管理课程主要涉及对采购业务过程进行组织、实施与控制的管理过程。采购子系统的业务流程图，通过业务流程图的顺序，对采购物流和资金流全过程进行有效的控制和追踪，实现企业完善的物资供应管理信息。通过该门课程的学习，不仅从管理层面补充采购流程内容，并且涉及工程招投标和采购方面的法律知识，有利于提升学生的法律素养。

在信息平台设置数据分析课程。数据分析课程主要是用适当的统计分析方法对收集来的大量数据进行分析，提取有用信息和形成结论而对数据加以详细研究和概括总结的过程。通过《数据分析》课程的学习，使学生在大数据环境中更加体系化地去分析数据。

（3）发展能力对应的课程设置。

发展能力是对学生培养体系的进一步完善，与核心能力相比，发展能力在理论上包含更多的发展空间，并且对学生的能力要求较高。在技术平台设置管理信息系统课程，从概念、结构、技术、应用以及对组织和社会影响方面全面介绍管理信息系统。作为一门内容包含众多，具有很高的可塑性的课程，不管在本科学习还是研究生学习都有很高的专业性。

在经济平台设置价值工程课程，对价值工程的传统理论与方法做了归纳，同时，对于最新的价值工程研究成果也给予了论述。

在管理平台设置了企业战略管理、项目风险管理、基建审计课程，去提升管理平台的发展能力。

企业战略管理课程是将企业战略管理艺术与科学相结合的课程，内容包括研究企业整体的功能与责任、所面临的机会与风险，重点讨论企业运营中所涉及的综合性决策问题。

项目风险管理课程主要是学习识别和分析项目风险及采取应对措施，这在风险管控中拥有重要作用。

基建审计课程的学习主要是在基建项目中，为业主控制造价，依据国家的有关法律、法规和制度规范及造价咨询控制的专业知识，以及对建设项目使用各阶段投资管理活动进行监督、检查、控制和评价的过程。

在法律平台设置合同法规课程，通过对过往的案件进行分析，提高学生的法律素养，培养学生的工程造价管理实践能力和创新能力，引导学生参与解决工程造价管理中的实际问题。

（三）调查问卷分析

为了调查本专业开设课程与三大能力之间的对应关系，本书以安徽财经大学为例，对工程造价专业毕业生进行抽样调查。安徽财经大学工程造价专业自2013年开始招生，已毕业3届学生。毕业生约45%的人在施工单位从事专业技术工作，甲方单位房地产公司占了约46%，继续在国内外深造占了近10%。我们总共发放了120分问卷，问卷全部通过电子邮件形式发送，自2019年6月至9月，总共收回问卷81份，其中11份问卷信息不全，有效问卷70份。

我们对调研结果从基本能力、核心能力、发展能力三个方面进行统计。结果表明大部分毕业生对于在校期间接受的培养和本身能力的形成多数持肯定意见，认为在校期间学校培养计划设置较为合理，能力体系形成效果良好。表4.2~表4.4的数据代表选择该能力的人数与总人数的比值。

表4.2　课程对应基本能力

基本能力 课程	基础技术能力（%）	项目管理（%）	相关法律法规（%）	经济理论基础（%）
建筑技术	92.86	78.57	71.43	57.14
房屋建筑学	92.86	71.43	64.29	71.43
工程力学	92.86	50	64.29	50
土木工程	100	71.43	57.14	57.14
上木工程测量	100	50	50	50
工程经济学	64.29	50	71.43	92.86
统计学	78.57	64.29	57.14	78.57
投资分析	50	64.29	78.57	85.71
建筑企业财务管理	64.29	71.43	71.43	92.86
企业资源规划（ERP）	64.29	78.57	71.43	57.14
管理学综合实验课	64.29	78.57	78.57	50
经济法	50	50	71.43	78.57
建设法规	42.86	64.29	100	57.14
计算机应用技术	100	64.29	42.86	64.29

表 4.3 课程对应核心能力

核心能力 课程	可行性研究的编制能力(%)	投资估算、概算的编制能力(%)	工程计量、计价能力(%)	工程造价分析、控制能力(%)	工程结算与决算能力(%)	项目后评价的编制能力(%)	工程结算与决算能力(%)	成本与支付管理(%)	造价信息的运用能力(%)	建设单位会计与审计能力(%)	投资估算、概算的编制能力(%)	招投标文件的编制能力(%)
工程造价管理	85.71	71.43	92.86	78.57	85.71	64.29						
装饰工程计量与计价			71.43	85.71			71.43					
安装工程计量与计价		85.71		78.57	64.29							
建筑工程成本规划与控制				64.29				78.57	85.71	64.29		
工程制图及软件，土建 CAD BIM 软件应用			71.43	57.14	64.29			57.14			64.29	
项目可行性分析与评价	85.71	85.71		64.29					57.14			
工程项目管理与实务	71.43	78.57		57.14	78.57	57.14						42.86%
建筑企业财务管理	57.14	57.14		42.86			50	57.14				

表 4.4　课程对应发展能力

课程＼发展能力	投资估算、概算的编制能力（%）	造价信息的运用能力（%）	工程造价分析、控制能力(%)	争端解决、变更管理能力（%）	项目后评价的编制能力(%)	招投标文件的编制能力(%)	投标书的评定能力（%）	造价信息的运用能力（%）	成本与支付管理(%)
工程建筑监理	35.71	78.57	57.14	64.29	35.71				
工程招投标与合同管理				28.57	42.86	78.57	78.57	57.14	
采购管理	42.86	71.43		21.43					85.71
数据分析		57.14	57.14						
管理信息系统				42.86					
价值工程									
企业战略管理									
项目风险管理									
基建审计									
合同法规									

续表

发展能力 课程	建设单位会计与审计能力(%)	客户关系管理(%)	企业战略管理(%)	与客户进行沟通的能力(%)	项目价值管理(%)	项目成本管理(%)	项目采购管理(%)	索赔管理(%)	支付管理、争端解决、变更管理能力(%)	成本管理(%)
工程建筑监理										
工程招投标与合同管理										
采购管理										
数据分析	64. 29									
管理信息系统		78. 57	71. 43	71. 43						
价值工程					85. 71	57. 14	35. 71	57. 14		
企业战略管理			78. 57	42. 86				50	50	
项目风险管理		50	85. 71	50				35. 71	57. 14	
基建审计	78. 57		28. 57		64. 29					64. 29
合同法规		71. 43		71. 43			35. 71	64. 29	57. 14	

（四）应用型人才培养目标下能力与课程体系对应分析

由上面的调查问卷可知，工程造价专业的学生应掌握的三大能力和五大平台课程体系之间不是完全的对应关系，一种能力来源于多门课程的培养，而一门课程也能培养多种能力，通过交叉融合的影响，使学生的教学体系更加完善；一种执业资格的获得不是某种能力就可以，往往需要多种能力的共同支撑。正因为这种交叉关系，在实际教学中对教学质量可以从多角度、全方位进行测评，进行教学质量的测评主要依据学生各项成绩、课堂作业、课堂互动、实践成绩等。

表 4.5　课程体系与专业能力培养的对应关系

能力		课程	环节	其他	测评
基本能力	基础技术能力	计算机应用技术	课堂教学	参加各类力学竞赛	学生成绩，课堂作业，互动
		建筑技术	课堂教学		学生成绩，课堂作业，互动
		房屋建筑学	课堂教学		学生成绩，课堂作业，互动
		工程力学	课堂教学		学生成绩，课堂作业，互动
		土木工程	课堂教学		学生成绩，课堂作业，互动
		土木工程测量	课内实践		实践成绩，课堂作业，互动
	经济理论基础	工程经济学	课堂教学		学生成绩，课堂作业，互动
		统计学	课堂教学		学生成绩，课堂作业，互动
		投资分析	课堂教学		期末论文，课堂互动
	项目管理	建筑企业财务管理	课堂教学		学生成绩，课堂作业，互动
		企业资源规划	课堂＋上机实验		期末成绩，实验报告，互动
		管理学综合实验课	课堂＋上机实验		期末成绩，实验报告，互动
	相关法律法规	经济法	课堂教学		学生成绩，课堂作业，互动
		建筑法规	课堂教学		学生成绩，课堂作业，互动

续表

能力		课程	环节	其他	测评
核心能力	可行性研究编制能力	项目可行性分析与评价			学生成绩，课堂作业，互动 学生成绩，课堂作业，互动
	投资估算、概算能力	工程造价管理 工程项目管理与实务	课堂+软件操作 课堂+软件操作	参加各类绘图、计价技能竞赛	实验成绩，课堂作业，互动 实验成绩，课堂作业，互动
	工程计量计价能力	装饰工程计量与计价 安装工程计量与计价 工程制图及软件 土建 CAD BIM 软件应用	课堂+软件操作 课堂+软件操作 软件操作 软件操作		学生成绩，课堂作业，互动 学生成绩，课堂作业，互动 实践成绩，课堂作业，互动 实践成绩，课堂作业，互动
	工程造价成本与控制能力	建筑工程成本规划与控制	课堂教学		学生成绩，课堂作业，互动
	招投标文件编制与评定	工程招投标与合同管理	课堂+软件操作	参加招投标竞赛	学生成绩，课堂作业，互动
	工程结算与决算能力	工程造价管理 工程项目管理与实务	课堂+软件操作 课堂+软件操作		实验成绩，课堂作业，互动 实验成绩，课堂作业，互动
	建设单位会计与审计	建筑企业财务管理 基建审计	课堂教学 课堂教学		学生成绩，课堂作业，互动 学生成绩，课堂作业，互动
	项目后评价编制能力	工程项目管理与实务	课堂教学		学生成绩，课堂作业，互动

续表

能力		课程	环节	其他	测评
发展能力	项目价值管理	价值工程	课堂教学		学生成绩，课堂作业，互动
	企业战略管理	企业战略管理	课堂教学		学生成绩，课堂作业，互动
	成本管理、支付管理、争端解决、变更管理	项目风险管理 合同法规	课堂教学 课堂教学		学生成绩，课堂作业，互动 学生成绩，课堂作业，互动
	项目采购管理	采购管理	课堂教学		学生成绩，课堂作业，互动
	索赔管理	合同管理	课堂教学		学生成绩，课堂作业，互动

通过课程体系的实践和学习，使学生的综合素质得到提升，在未来工作中，能够更好、更快地胜任工作。在这些平台课程中，大部分课程都需要相关的实践教学内容（含实验教学）。如何执行实践课程的教学，是一个更有难度的课题。

附录：课程对能力培养的调查问卷统计

第 1 题　建筑技术

选项	小计	比例（%）
基础技术能力	65	92.86
项目管理	55	78.57
相关法律法规	50	71.43
经济理论基础	40	57.14
本题有效填写人次	70	

第 2 题　房屋建筑学

选项	小计	比例（%）
基础技术能力	65	92.86
项目管理	50	71.43
相关法律法规	45	64.29
经济理论基础	50	71.43
本题有效填写人次	70	

第 3 题　工程力学

选项	小计	比例（%）
基础技术能力	65	92.86
项目管理	35	50
相关法律法规	45	64.29
经济理论基础	35	50
本题有效填写人次	70	

第 4 题　土木工程

选项	小计	比例（%）
基础技术能力	70	100
项目管理	50	71.43
相关法律法规	40	57.14
经济理论基础	40	57.14
本题有效填写人次	70	

第 5 题　土木工程测量

选项	小计	比例（%）
基础技术能力	70	100
项目管理	35	50
相关法律法规	35	50
经济理论基础	35	50
本题有效填写人次	70	

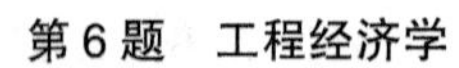
第6题　工程经济学

选项	小计	比例（%）
基础技术能力	45	64.29
项目管理	35	50
相关法律法规	50	71.43
经济理论基础	65	92.86
本题有效填写人次	70	

第7题　统计学

选项	小计	比例（%）
基础技术能力	55	78.57
项目管理	45	64.29
相关法律法规	40	57.14
经济理论基础	55	78.57
本题有效填写人次	70	

第8题　投资分析

选项	小计	比例（%）
基础技术能力	35	50
项目管理	45	64.29
相关法律法规	55	78.57
经济理论基础	60	85.71
本题有效填写人次	70	

第9题　建筑企业财务管理

选项	小计	比例（%）
基础技术能力	45	64.29
项目管理	50	71.43
相关法律法规	50	71.43
经济理论基础	65	92.86
本题有效填写人次	70	

第 10 题　企业资源规划（ERP）

选项	小计	比例（%）
基础技术能力	45	64.29
项目管理	55	78.57
相关法律法规	50	71.43
经济理论基础	40	57.14
本题有效填写人次	70	

第 11 题　管理学综合实验课

选项	小计	比例（%）
基础技术能力	45	64.29
项目管理	55	78.57
相关法律法规	55	78.57
经济理论基础	35	50
本题有效填写人次	70	

第 12 题　经济法

选项	小计	比例（%）
基础技术能力	35	50
项目管理	35	50
相关法律法规	50	71.43
经济理论基础	55	78.57
本题有效填写人次	70	

第 13 题　建设法规

选项	小计	比例（%）
基础技术能力	30	42.86
项目管理	45	64.29
相关法律法规	70	100
经济理论基础	40	57.14
本题有效填写人次	70	

第 14 题　计算机应用技术

选项	小计	比例（%）
基础技术能力	70	100
项目管理	45	64. 29
相关法律法规	30	42. 86
经济理论基础	45	64. 29
本题有效填写人次	70	

第 15 题　工程造价管理

选项	小计	比例（%）
可行性研究的编制能力	60	85. 71
投资估算、概算的编制能力	50	71. 43
工程计量、计价能力	65	92. 86
工程造价分析、控制能力	55	78. 57
工程结算与决算能力	60	85. 71
项目后评价的编制能力	45	64. 29
本题有效填写人次	70	

第 16 题　装饰工程计量与计价

选项	小计	比例（%）
工程计量能力	50	71. 43
工程计价能力	65	92. 86
工程造价分析、控制能力	60	85. 71
工程结算与决算能力	50	71. 43
本题有效填写人次	70	

第 17 题　安装工程计量与计价

选项	小计	比例（%）
工程计量能力	60	85. 71
工程计价能力	60	85. 71

续表

选项	小计	比例（%）
工程造价分析、控制能力	55	78.57
工程结算与决算能力	45	64.29
本题有效填写人次	70	

第 18 题　建筑工程成本规划与控制

选项	小计	比例（%）
成本与支付管理	55	78.57
造价信息的运用能力	60	85.71
建设单位会计与审计能力	45	64.29
工程造价分析、控制能力	60	85.71
本题有效填写人次	70	

第 19 题　工程制图及软件，土建 CAD BIM 软件应用

选项	小计	比例（%）
工程计量能力	50	71.43
工程计价能力	60	85.71
工程造价分析、控制能力	40	57.14
投资估算、概算的编制能力	45	64.29
成本与支付管理	40	57.14
工程结算与决算能力	45	64.29
本题有效填写人次	70	

第 20 题　项目可行性分析与评价

选项	小计	比例（%）
可行性研究的编制能力	60	85.71
造价信息的运用能力	40	57.14
投资估算、概算的编制能力	60	85.71
工程造价分析、控制能力	45	64.29
本题有效填写人次	70	

第 21 题　工程项目管理与实务

选项	小计	比例（%）
可行性研究的编制能力	55	71.43
投资估算、概算的编制能力	55	78.57
工程造价分析、控制能力	40	57.14
工程结算与决算能力	55	78.57
项目后评价的编制能力	40	57.14
招投标文件的编制能力	35	42.86
本题有效填写人次	70	

第 22 题　建筑企业财务管理

选项	小计	比例（%）
可行性研究的编制能力	40	57.14
投资估算、概算的编制能力	40	57.14
工程造价分析、控制能力	35	42.86
成本与支付管理	40	57.14
工程结算与决算能力	35	50
建设单位会计与审计能力	25	35.71
本题有效填写人次	70	

第 23 题　工程建筑监理

选项	小计	比例（%）
投资估算、概算的编制能力	25	35.71
造价信息的运用能力	55	78.57
工程造价分析、控制能力	40	57.14
争端解决、变更管理能力	45	64.29
项目后评价的编制能力	25	35.71
本题有效填写人次	70	

第 24 题　工程招投标与合同管理

选项	小计	比例（%）
招投标文件的编制能力	55	78.57
投标书的评定能力	55	78.57
造价信息的运用能力	40	57.14
争端解决、变更管理能力	20	28.57
项目后评价的编制能力	30	42.86
本题有效填写人次	70	

第 25 题　采购管理

选项	小计	比例（%）
投资估算、概算的编制能力	30	42.86
造价信息的运用能力	50	71.43
成本与支付管理	60	85.71
争端解决、变更管理能力	15	21.43
本题有效填写人次	70	

第 26 题　数据分析

选项	小计	比例（%）
可行性研究的编制能力	50	71.43
造价信息的运用能力	40	57.14
工程造价分析、控制能力	40	57.14
建设单位会计与审计能力	45	64.29
本题有效填写人次	70	

第 27 题　管理信息系统

选项	小计	比例（%）
客户关系管理	55	78.57
企业战略管理	50	71.43
争端解决、变更管理能力	30	42.86

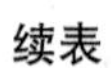
续表

选项	小计	比例（%）
与客户进行沟通的能力	50	71.43
本题有效填写人次	70	

第 28 题　价值工程

选项	小计	比例（%）
项目价值管理	60	85.71
项目成本管理	40	57.14
项目采购管理	25	35.71
索赔管理	40	57.14
本题有效填写人次	70	

第 29 题　企业战略管理

选项	小计	比例（%）
企业战略管理	55	78.57
支付管理、争端解决、变更管理能力	35	50
索赔管理	35	50
与客户进行沟通的能力	30	42.86
本题有效填写人次	70	

第 30 题　项目风险管理

选项	小计	比例（%）
支付管理、争端解决、变更管理能力	40	57.14
客户关系管理	35	50
企业战略管理	60	85.71
索赔管理	25	35.71
与客户进行沟通的能力	35	50
本题有效填写人次	70	

第 31 题　基建审计

选项	小计	比例（%）
建设单位会计与审计能力	55	78.57
成本管理	45	64.29
项目价值管理	45	64.29
企业战略管理	20	28.57
本题有效填写人次	70	

第 32 题　合同法规

选项	小计	比例（%）
支付管理、争端解决、变更管理能力	40	57.14
客户关系管理	50	71.43
索赔管理	45	64.29
与客户进行沟通的能力	50	71.43
项目采购管理	25	35.71
本题有效填写人次	70	

第五章　工程造价专业实践教学影响因素分析

第一节　影响因素

工程造价以培养具有一定专业基本技能、工程实践技能和综合管理能力的高级工程经济管理人才为目标，为满足国内外日益发展的工程人才需求，适应当今工程环境，以应用型人才为目标的培养对实践教学提出了更高的新要求。通过对工程造价专业学生连续多年的问卷调查，以及通过对该专业从事实践教学的老师进行访谈，笔者对影响工程造价专业教学实践效果从教师、学生、课堂教学内容及课外实践、校企合作等因素进行探索分析（郑兵云，2017）。

一、教师

工程造价专业老师的实践经验对工程造价教学的影响非常大。工程造价这门学科实践性强，除对教师的学历有要求外，应对其实践经验做出严格要求。教师需精心设计教学环节，注重实践教学与课堂理论教学的相互衔接。教师可以组成教学学习小组，相互听课，共同探讨教学技巧。讲课过程中必须结合工程实际操作情况，将知识点案例讲深、讲透，深入浅出，让学生更容易掌握知识点。教师需深入企事业单位的生产活动，掌握社会发展需求和技术发展，这样才能更好地将理论知识与实践应用有机结合，融会贯通，并将知识与经验传授给学生。在以职业资格为导向的培养模式中，学生要考取相关职业资格证书，如造价工程师职业资格等，这样有利于毕业生的就业。因此，青年教师更要得到专业培训，考取相关的职业资格证书，在教学过程中可以给学生明确、优质的解答。教师的教学态度、教学方法、师生关系等因素，都直接或间接影响到实践教学效果。教师应该精心准备每堂课的教学内容，合理安排好整个教学进程，管理好课堂秩序，提高教学质量。

部分学校的教师因缺乏实践工作经验，满足不了实践教学所需，很难激发教学热情。教师的教学投入、付出直接影响实践效果，要加强对教师的实践培训，建立一支专业能力突出、教学热情高的专业教学团队。教师课堂教学要有激情，加强课堂管理，对整个课程内容进行科学安排。平时的实践教学不能只是走过场，搞形式主义，不注重实际。期末考核要采取多样化、分阶段的考核方式，不能仅仅是要求学生完成一张理论试卷，草草结束考核。否则，平时学生学习过程中也是敷衍式学习，抱着及格则万事大吉的心理，或者一味求高分，死记硬背，无法做到将所学与实际操作相结合、将课堂知识切实应用到实际工作中。

在学生实践过程中，教师的监督、把控作用要做到位。例如毕业实践是很重要的教学环节，学生将校内所学的理论知识用在社会实践上，通过实践来证明自身能力。在实践过程中，教师要严格监督管理，认真纠错，严格审核毕业实践报告，不给学生蒙混过关的侥幸心理，严防学生作弊，真正发挥实践教学效果。

二、学生

学生作为知识的接受者、教学关系的其中一端，其思想素质与能力的差异对教学效果的提升与否起着尤为重要的作用。学生是实践课程教学的主要参与主体，学生的理论知识基础、学生对实践课程各环节的知晓度、学生实践参与的积极性及学生间的协同合作意识等对实训教学效果都会产生影响。应充分考虑到不同学校学生群体的学习水平和精神诉求，因材施教，针对学生特点，立足于学校的培养目标，制定不同阶段与学生素质与能力提高相符的教学计划。提高学生学习的主观能动性是学生管理的一大重点，观察发现，每个班级在实践过程中都有学生在玩手机或聊天的现象，注意力不集中，学习态度散漫，但是人数上却存在很大差别，有的班级只有个别学生间或偶尔为之，有的班级却普遍不认真听讲。对于学生而言，环境的影响具有不可忽视的作用，因此，如何鼓励、带动学生主动学习尤为重要。学生群体内部彼此影响，形成了一个班级的班风、学风，同样的课程、同一个授课老师，但是班风、学风却不同（刘榕，2012），由此体现了对学生进行科学、有效、有针对性的管理的重要性。如果无效的班级管理的弊端长时间积累，学生互相影响，便会形成难以纠正的恶习，最终造成严重不良的学习氛围。因此，必须建立适应不同学校定位的学生培养目标，采取实训教学方案需要的管理模式，加强学生思想和心理辅导的比重，从主观上端正学习态度，明确学习目的。发挥好学长的带头作用，学校可邀请本校的优秀毕业生为本专业的学弟学妹们深入介绍进入社会后的所见所闻。与教师的讲授不同，学长们的亲身经历会更加生动，同时更加贴近学生毕业之后会遇到的工作难题和生活困境，从而激励学生更加有针对性地学习。

三、课堂教学内容

理论知识是无数次实践的总结，是实践的本质所在。书本上的知识务必使学生理解通透，课堂教学内容应包含但不局限于课本。摒弃单一教学方式，拒绝照本宣科，应用多媒体教学，采取案例解析、模拟工程分工、小组讨论等多种教学方式，鼓励自主学习，发现并解决问题，使学生切实参与进来，直观地感受工程现场，参与实际问题与操作，各抒己见。课堂教学必须丰富，专业课老师上课不能只是对照书本讲知识，给学生划重点，然后简单地进行期末考核，如此一来课堂氛围沉闷，内容枯燥，难以调动学生学习的积极性，一味死记硬背更不利于学生的学习与理解，更遑论将课本上的理论知识应用于实际工作中。

课堂教学中可以采用经典管理案例教学法，让学生掌握基本的专业知识，与实际案例相结合，并提高沟通能力。教学课堂教学形式单一，可利用现代教学手段来改善教学效果。例如利用多媒体演示工程现场向学生教学，如直观地展示混凝土浇筑、基坑开挖、钢筋绑扎等建筑流程工艺，这些生动形象的画面使学生更容易理解，让学生能够结合自己的课堂理论知识更加立体地学习专业知识。

学习内容的拓展化。老师在讲授新的构造方法时，先将以前学过的构造方法给学生温习一遍，这样便于学生对新知识的快速理解掌握。在旧构造的学习基础上讲解，其中的原理和方法是阶梯式的过程，甚至有很大的相似性。

老师在授课过程中，可以适当拓展相关知识，例如在建筑造价课中，老师可以指导学生做隔热预结算、墙体保温、吊顶的预结算等，学生自主设计方案，老师给予指导和纠错，提高预结算能力。

四、课外实践

“不登高山，不知天之高也；不临深谷，不知地之厚也。”只有理论没有实践，学生在现实工作中寸步难行，尤其对于工程造价专业而言，工程造价是一门注重实践以及实践效果的学科，学生对课本知识如数家珍，却不曾实地考察，无法将知识应用于实际工作。唯有理论与实践相结合，才能使学生将课堂知识融会贯通，能够实际处理工程造价、工程管理的相关工作。教学活动总学时的30%以上应为实践教学，包括上机实践、工地考察、施工现场观摩等。对于以培养学生取得执业资格、获取行业认证的培养模式来说，实践教学的比例更要适当增加。加大实践环节，强化实际操作能力，注重培养具备造价工程师执业素质并具有发展潜力的复合型人才，同时在工程管理专业造价方向和其他专业方向共同的平台上，搭建自己的特色科目，满足造价工程师执业资格制度和行业认证。然而，有些高等院校在课程安排中没有足够的实践教学课时量，或者课程安排中虽已达到30%以上的量却不去实行，由此造成的问题则是学生毕业参加工作以后会说不会做，动手实践方面更要从零学起，无形中提高了社会对专业人才的培养成本。对于工程造价专业来说，理论教学固然十分重要，然而实践教学自有其不可替代之处，很多实践教学有其特殊之处，在其重实践、复合性高的特点之下，许多细节在书本上很难体现，如果实践教学做不到位，就很难培养出应用型人才，毕业后也很难在工作岗位上有所作为。

五、校企合作

校企合作使学校与企业进行信息对接，学校在寻找企业时要了解企业需要的人才规格，培养出的学生可满足企业生产发展的要求，培养的学生素质与企业市场需求相符。校企共建的教学模式下的实践教学方案和教材应由校企共同开发、制定，企业为校方提供实践基地、竞赛资金，学校为合作企业输送符合其岗位需求的优秀人才，双方一起主导实践教学的实施与落实。长期合作的校外企业熟悉其合作学校的教学特点，可以有针对性地建立安全保障机制，降低实践教学中的风险率。工程造价想要建设成学校特色专业，必须多途径、多渠道地实现产学研的结合，培养符合市场需求的专业人才，提高专业毕业生就业率。

第二节　实证研究

工程造价专业以培养复合型、应用型创新人才为目标，专业教学具有很强的实践性。工程造价实践教学效果受到诸多方面影响，从教师因素、教学因素、学生因素三个方面构建了实践教学效果影响因素结构方程模型，并进行实证检验。

一、研究假设及变量测度设计

已有相关文献从不同的角度对教学效果评价的影响因素进行了讨论，如李小勇通过回归分析发现，录取时是第一志愿或第二志愿的学生对工程管理实践教学的满意度更高，对实践教学环节知晓度越高的学生满意度越高；赖永波从教师因素、实训环节设计因素、学生因素、教学效果四个方面构建实训课教学效果影响因素的理论模型，并进行实证分析；穆敏丽等从实践教学的师资队伍、实践教学建设、实践教学管理、实践教学过程和实践教学效果五个方面来构建财务管理实践教学质量评价体系，利用层次分析法计算各因素权重；等等。通过对工程造价专业学生连续多年的调查，以及对该专业从事实践教学的老师进行访谈，本书对影响工程造价专业教学实践效果从教师因素、教学因素及学生因素等方面进行探索分析。

（一）教师因素

教师是实践教学活动的组织者和实施者，扮演着十分重要的角色。教师的实践专业知识水平会影响实践教学环节，进而影响教学效果。另外，教师的授课技能、职业责任感对学生的学习积极性和态度产生影响，进而影响教学效果。因此，本书设计了“实践专业知识水平”“授课技能”“职业责任感”三个可测变量指标来衡量潜变量指标“教师因素”，并提出如下假设：

H1：实践教学中“教师因素”对“教学效果”有显著影响；

H2：实践教学中“教师因素”对“学生因素”有显著影响；

H3：实践教学中“教师因素”对“教学因素”有显著影响。

（二）教学因素

实践教学课程体系设计是否科学合理，从立足点和全局上影响着实践教学效果。实践课程环节设计是实践课程教学的关键教学过程，实践课程环节设计质量、数量及可操作性，都会直接影响学生的兴趣度和参与度，进而影响教学效果。另外，实践教学的保障因素如教学软件、教学网络平台、教学实践基地及资金支持等，都会直接影响实践教学过程和教学效果。因此，本书设计了“教学课程体系设计”“课程环节设计”“教学保障”三个可测变量指标来衡量潜变量指标“教学因素”。而且，教学因素显然会影响到学生学习过程，进而影响教学效果。因此，本书提出如下假设：

H4：实践教学中“教学因素”对“学生因素”有显著影响；

H5：实践教学中“教学因素”对“教学效果”有显著影响。

（三）学生因素

学生是实践课程教学的主要参与主体，学生的理论知识基础、学生对实践课程各环节的知晓度、学生实践参与积极性及学生间协同合作意识等能够对实训教学效果产生影响。因此提出如下假设：

H6：实践教学中“学生因素”对“教学效果”有显著影响。

（四）实践教学效果

课程教学效果评价衡量指标较多，有些文献以“学生评教分”作为满意度指标来衡量教学效果。实践教学效果除了表现在学生满意度之外，还体现在学生通过实践课程学习，提升了分析和解决问题的能力等方面，甚至还包含社会认可程度，但有些指标无法通过问卷获得。基于可行性原则，本书通过“感知的课程质量”“感知的实践能力培养”“课程满意度”“课程学习成绩等级”等可测变量指标来度量实践“教学效果”。

综上，变量测量指标及其测度内容表述情况如表 5.1 所示（郑兵云，

2018)。

表 5.1 变量测量指标及测度内容表述

变量	编号及项目	测度内容
教师因素	T1 实践专业知识水平	教师实践教学中体现的本专业实践知识水平及指导能力
	T2 授课技能	教师实践课程组织能力、授课技巧及吸引力
	T3 职业责任感	教师师德师风、责任心及奉献精神
教学因素	C1 实践课程体系设计	实践课程体系系统性、课程衔接合理性
	C2 实践环节设计	实践环节设计的质量、数量及可行性程度
	C3 实践教学保障程度	实践教学中实践基地、实践网络平台、资金投入及制度保障程度
学生因素	S1 专业理论基础掌握程度	与实践相关的理论基础知识学习与掌握程度
	S2 实践环节知晓度	学生对整个专业实践课程体系及具体课程实践环节设计知晓程度
	S3 实践参与积极性	学生实践前准备工作、实践过程参与的积极性
	S4 实践协调合作意识	分组实践中学生展示的团队精神与合作意识
教学效果	Y1 感知的实践课程质量	学生对课程教学质量的感知评价优秀程度
	Y2 感知的实践能力培养	学生通过实践课程学习感知的个人实践能力得到培养提升程度
	Y3 实践课程满意度	学生对实践课程整体满意程度
	Y4 实践课程的学习成绩	学生通过实践课程学习获得证书、奖励及课程成绩的评价

二、研究概念模型

结构方程模型是含潜变量的一种验证性因子分析法。本书采用结构方程模型来分析验证实践教学效果影响因素潜变量之间的结构关系以及潜变量与可测变量之间的因果关系，探寻变量之间的效应关系及其作用机理。基于以上假设分析，本研究提出了教师因素、教学因素、学生因素与实践教学效果之间关系的概念模型，在这个模型中教学因素、学生因素作为中介变量，图中箭头表示显著影响关系。本书构建的结构方程模型如图 5.1 所示。

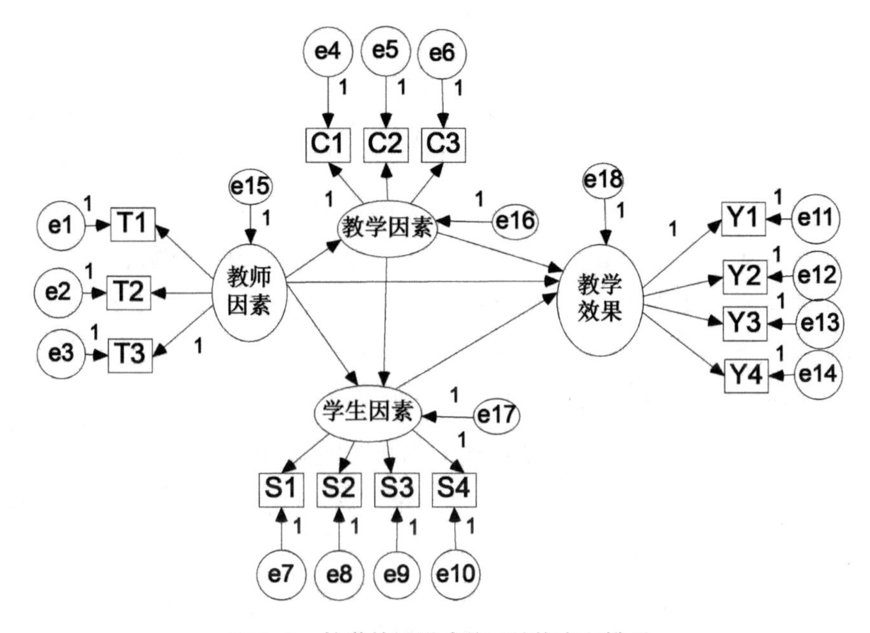

图 5.1　教学效果影响关系结构方程模型

三、数据来源及实证结果

（一）问卷设计

本书设计了工程造价专业实践教学效果问卷调查，问卷包含被调研者的基本信息（以检验样本的代表性）及涉及“教师因素”“教学因素”“学生因素”和“教学效果”四个方面的所有题项，所有题项都以李克特 7 级刻度衡量，要求被调研者根据实践课程学习情况如实回答。我们对安徽省开设工程造价本科专业的 5 所高等院校毕业班学生进行随机调查，共发放调查问卷 300 份，收回 282 份，在 282 份问卷中 11 份问卷由于调研信息不完整而被排除，因此有效问卷是 271 份。问卷的总回收率为 94%，有效率为 96.10%。

（二）量表的信度和效度

对模型的分析和描述从两个阶段来进行（Anderson J. C，1988）：一是对测量模型可靠性和有效性的估计；二是对模型中因果关系的估计。表 5. 2 是测定结构模型关系之前所做出的测量模型的结果。在实践中，强制性因子分析的每个测定变量的路径值应该大于或接近于 0. 71（邱皓政、林碧芳，2009）（下文中相关指标的参考值均来自此文献），结果显示大部分测量变量的路径值都大于或接近 0. 71，少数路径值尽管小于 0. 71，但所有路径值都大于 0. 55（Tabachnica B. G. ，2007），因而这些测定变量是合适的。

用潜在变量的组成信度是否在 0. 7 以上以及潜在变量的平均萃取变异量是否在 0. 5 以上来评估量表的信度。如表 5. 2 所示，教师因素、教学因素、学生因素及教学效果的组合信度分别为 0. 83、0. 81、0. 79、和 0. 80，而平均萃取变异量分别为 0. 61、0. 60、0. 57 和 0. 65，均已超过最低的可接受水平，所以本书所提出的整体理论模型有较好的信度。

表 5. 2　变量测量指标因子分析结果

变量	编号及项目	因子载荷	残差	信度 CR 值	平均萃取变异量
教师因素	T1 实践专业知识水平	0. 83	0. 31	0. 83	0. 61
	T2 授课技能	0. 82	0. 33		
	T3 职业责任感	0. 69	0. 52		
教学因素	C1 实践课程体系设计	0. 77	0. 41	0. 81	0. 60
	C2 实践环节设计	0. 86	0. 29		
	C3 实践教学保障程度	0. 69	0. 55		
学生因素	S1 专业理论基础掌握程度	0. 66	0. 39	0. 79	0. 57
	S2 实践环节知晓度	0. 87	0. 75		
	S3 实践参与积极性	0. 68	0. 49		
	S4 实践协调合作意识	0. 79	0. 71		
教学效果	Y1 感知的实践课程质量	0. 63	0. 66	0. 80	0. 65
	Y2 感知的实践能力培养	0. 90	0. 63		
	Y3 实践课程满意度	0. 89	0. 60		
	Y4 实践课程的学习成绩	0. 77	0. 60		

（三）模型的拟合度

根据我们所采用的估计方法，我们选取了几个具有较好稳定性的指标。①绝对拟合指数：a. 卡方自由度比。按照我们模型的自由度（$df=71$），我们可以看出模型的卡方自由度值（118.32）是不显著的。b. 拟合优度指数（GFI）。GFI 测定观测变量的方差协方差矩阵在很大程度上被模型定义的方差协方差矩阵所预测。所以，GFI 越接近 1 说明模型的拟合越好，而我们模型的 GFI 值为 0.90，接近于 1，所以我们模型的拟合性比较好。c. 由于 GFI 会随着模型中参数总数的增加而提高，而且受样本容量的影响，还需要计算调整拟合优度指数（AGFI）。我们模型的 AGFI 值（0.89）接近 0.9，因而可以接受拟合定义的模型。d. 近似误差均方根（RMSEA），我们模型的 RMSEA = 0.04，小于 0.05，表明数据与定义模型拟合较好。②相对拟合指数，通过比较目标模型与一个基本模型的拟合来考察模型的整体拟合程度：a. 标准拟合指数（NFI）。模型的 NFI = 0.90，拟合很好。b. 相对拟合指数（CFI）。检验结果显示模型的 CFI = 0.88，拟合可以接受。

总体上看，实证模型的拟合效果较好，可以进行下一步分析。

（四）假设验证及效应分析

研究假设的验证情况如表 5.3 所示。可以看出，假设都通过了检验。其中，H4 在 10%显著性水平上基本通过，可以认为接受原假设。

表 5.3 假设验证结果

假设编号	假设描述	标准回归系数	P 值	结论
H1	教师因素→教学效果	0.52	0.039 * *	支持
H2	教师因素→教学因素	0.29	0.008 * * *	支持
H3	教师因素→学生因素	0.34	0.073 *	支持
H4	教学因素→学生因素	0.22	0.109	基本支持
H5	教学因素→教学效果	0.61	0.033 * *	支持
H6	学生因素→教学效果	0.53	0.001 * * *	支持

从实践教学效果的影响效应分析，教师因素对教学效果存在两种影响：

一种为直接效应，其值为 0. 52；另一种为间接效应，分别通过教学因素和学生因素对实践教学效果产生影响，通过教学因素对实践教学效果产生影响为 0. 29×（0. 63+0. 22×0. 51）≈0. 22；通过学生因素对实践教学效果产生影响为 0. 34×0. 51≈0. 17，二者之和为 0. 39。教师因素对实践教学效果的间接效应小于其直接效应，其总效应为 0. 81。

教学因素对教学效果也存在两种影响：一种为直接效应，通过学生因素对实践效果产生影响，其值为 0. 63；另一种为间接效应，通过教学因素对实践教学效果产生影响，其值为 0. 22×0. 51≈0. 11。学生因素对教学效果产生直接效应，影响系数为 0. 51。教学因素对实践教学效果的间接效应小于其直接效应，其总效应为 0. 74。

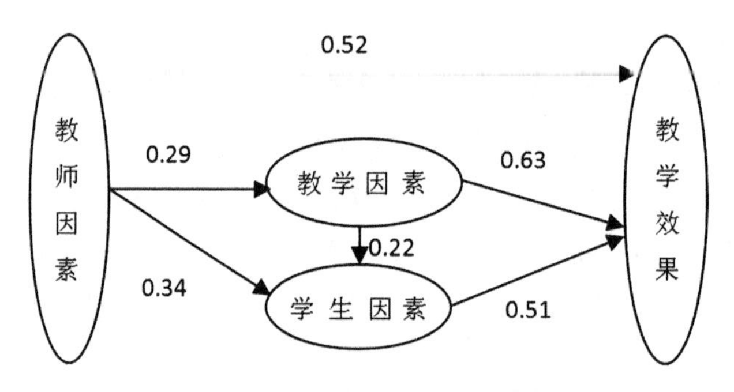

图 5. 2　教学效果影响关系结果模型

从实证结果发现，教学因素对工程造价专业实践教学效果影响效应显著（系数为 0. 74）。从潜变量教学因素的题项看，实践教学过程设计环节的路径最大（系数为 0. 86），应加强教学实践过程设计管理，实践教学通过其在整体教学计划中所占的比重及实践教学质量影响教学效果，教师应该合理安排实训环节数量，提高实训环节的质量和可操作性，特别要强调实践性，同时提高实践教学质量，在实践教学设计阶段充分考虑学生想法，提高学生对实践教学课程的满意度，从而增强学生在实践过程中的积极性，提高学生在实践过程中的参与度。制订科学合理的培养计划，在此基础上，对教学模式不断革新，一方面要切合学生不同培养阶段的学习能力；另一方面要使学生每一阶段的学习都能够融会贯通。在基础阶段打基础，如了解工程造价专业背景，学好理论知识等；在提升阶段着重专业技能提升，如培养工程测量、工程计算能力；在综合应用阶段全面培养学生技能应用能力，如解决实际工程项目案例中的问题。教学因素的影响变量不仅掌握在教师手中，同时与学生息息相关，教师根据工程造价专业特点合理安排教学计划，以期达到预期的教学效果。在这一过程中，学生的配合度将随时影响教学计划的完成度，因此，应当让学生全程深度参与教学计划当中，从自身的角度出发，提出可行性建议，教学相长，让学生充分体会到老师们的期许，同时也对自身成长做到心中有数，制订与教师的教学计划相配合的学习目标与规划，让老师们听到学生的声音，找到学生的兴趣所在，充分考虑学生的想法，吸收有效建议，完善教学计划。

学生因素还是教师因素与教学因素影响教学效果的中介变量。学生是工程实践课程教学的重要参与主体，在实践教学中要让学生充分知晓实践课程体系、实践课程具体设计过程、需提前准备的要素。同时，设计生动有趣的实践过程，充分调动学生的参与性和合作性，提高工程实践课程教学效果。

第三节　提高工程造价专业实践教学效果的措施

如何提高工程造价专业实践教学效果，关键在于明确影响实践教学效果提升的主要因素。在实践分析中，我们发现教师因素影响最为显著，不但有直接影响，还通过教学因素和学生因素产生间接影响。教师是实践教学活动的主导者，不仅在理论教学中起到主导作用，还要在实践教学活动中全程引导学生发现并解决问题，起到更重要的引导作用，做到言传身教。实践教学质量的提出对高校教师提出了更高的要求，既要对理论知识的把握游刃有余，能够发散思维，传授与工程相关的经济、法律、管理相关知识，引用真实案例，为学生答疑解惑，又要有丰富的实践经验积累，能够解决实际问题，还要带领学生将实践经验进行总结、提炼，具备较强的实践授课技巧。同时，实践课程老师要有很强的职业责任感，勇于奉献，能够合理安排教学内容，平衡理论教学与实践教学的比重，活跃课堂气氛，激发学生学习热情，认真负责，答疑解惑。

同时，应加强教学过程管理，重视教学建设，如实验室建设、实训基地建设、教学经费投入、教育资源平台建设（如工程造价专业网络教学资源平台、“模拟岗位”教学平台、“以赛带训”教学平台、实训课程“二化结合”教学平台灯）等教学资源的建设应高度重视，对实践教学活动做出质量保障。此外，还需正确引导学生，提高学生参与积极性。

基于以上分析，本章从以下几点探讨工程造价专业实践教学效果提升措施。

一、建设学习型教学团队，提升师资能力

随着社会经济的发展，国内外工程环境的差异，工程造价管理市场对人才的需求不断变化，学生需要学习的新知识，应在满足自身对专业技能要求的基础上，具有前瞻性，不断发展以适应市场需求。教师作为知识的传授者，更应不断学习，更新完善知识库。学习型团队作为集合创造力、凝聚力的团体，成员之间应相互分享优秀教学资源信息，共同研发科研成果，充分体现团队的价值，提升团队的学习力和创造力，加强成员之间的学术交流。建设学习型团队，就要通过倡导、奖惩等方式使每位成员愿意学习，自主提高教师学习能动性。大大鼓励和提倡全员“同伴互助”的全员学习策略，从根本上激励帮助团队每一名成员热情地参与工作活动中去。

以专业建设与改革为契机，吸引高学历、高职称的教师，聘任实践单位具有丰富经验的工程造价师为特聘教师，以带动专业建设的发展。定期邀请一些专家来校指导讲课，专家讲课也是建立学习型团队的有效方式之一。知名学者、行业专家为教师们开阔视野，使学习研究的路径多元化。可以把骨干教师派去“985 工程”高校和“211 工程”高校考察学习，拓宽学习渠道，多途径搭建有效学习平台，更新教学观念，从而带动团队教学能力整体提升。提高教师工程实践能力，一方面了解企业对工程造价专业的人才需求，防止学校教学与市场需求产生偏差；另一方面能够更好地建立校企联系，信息交换，资源共享，方便学生实践考察和教学实习。努力建立一支技术精湛、充满活力、素质优良的双师型师资队伍，培养出真正具有实践能力的应用型人才。

二、深化教学模式改革，加强教学过程管理

（一）实行“贯穿式系统化”教学模式

贯穿式是指工程造价核心课程内容设计遵循“项目引领、能力递进”的

原则，选用 A、B、C 三个典型的单位工程作为专业核心课程（建筑构造与识图、建筑工程施工与预算、建筑工程项目管理、工程量清单计价、工程造价控制）贯穿整个训练项目。将班级学生分为若干小组，每组 A、B、C 三个训练项目必须完成。A 项目实行“教师牵个头、学生跟着走”，初步培养学生分析解决问题的能力，对项目本身有个初步整体意识。B 项目实行“教师帮把手、学生学着做”，进一步培养学生的动手实践能力及团队协作能力。C 项目实行“教师放开手、学生独立做”，系统培养学生的自主研究学习能力、团队协作能力及综合应用能力。

系统化是指工程造价能力培养的系统化，旨在培养学生的系统观念和全局观念。教师教授某个工艺流程的知识，全方位系统地让学生尽快掌握。例如，教授学生招投标实际操作流程，让学生进行模拟招投标，学生分组模拟若干咨询公司，教师扮演建设单位（甲方）。在投标阶段，甲方委派多家咨询公司编制招标文件，甲方比较选择招标方案；投标阶段，中标的工程咨询公司为工程代理机构，其余学生分组组成若干施工单位。施工单位编制投标文件，模拟投标、评标。最后，施工阶段甲方可以人为设置工程变更。指导老师需要全程参与，要求学生按照规定文件投标要求进行，根据学生的表现进行评价综合打分。学生通过体验招投标的实际场景，能够系统地熟悉工程招投标流程，学会投标报价工作，从而掌握合同管理能力。

（二）推行模块式学习法

模块式学习法可以将实践课程划分为基本技能训练模块、专业技术训练模块、综合技能训练模块三个螺旋式递进实践教学模块。在基础技能训练模块中，要求学生掌握计算机操作、绘图识图等基础应用，基础技能对应培养的是基层人才。对于本科工程造价专业，培养的是应用型复合性管理人才，因此专业技术训练模块起着承上启下的重要作用，要求学生具有专业性技能。对于高层人才，在工程与管理中偏重后者，以工程造价相关专业技能为基础，提升工程管理技能，故在综合技能训练模块，要求学生掌握工程造价管理、成本管理等技能。采用螺旋递进式实践教学模块，与能力架构的渐进过程相对应，一步步提升学生的学习接受能力和知识扎实程度，具体见表 5.4。

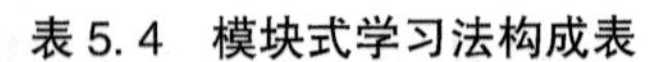
表 5.4　模块式学习法构成表

基本技能训练模块	计算机操作与应用、建筑制图绘制、建筑工程认识生产实习、建筑材料试验、安装工程识图
专业技术训练模块	工程测量实习、投标报价实训、施工测量实训、预算软件应用实训、施工组织设计实训
综合技能训练模块	施工图预结算、工程造价管理实物、工程量清单与清单报价、毕业实习与毕业设计

三、完善实验室功能建设，加强校企合作基地建设

建成一批一体化实验室，将现有的实训实验室进行扩建和新建，如计量计价实验室、材料实训室、沙盘实训室、模型室等。仿照真实的工作环境，给人身临其境的感觉。一方面方便老师实验教学，深度激发老师教学热情和学生学习热情；另一方面，大大提高了学生的学习效果，注重营造良好的学习氛围。打造设备一流、功能齐全的实验基地，确保实训质量，不断完善管理体制。学校应努力营造良好的实践环境，以学生为中心，对学生开放实验室，尊重其学习意愿，方便其随时学习，练习相关软件课程。实践教学主要的两个方面为熟悉图纸和熟悉工程实体，学校应建立校内工程实验库，将校内建筑的各种图纸整理成册，方便学生将图纸与建筑实物进行实际比照，将学生反映的优秀建筑视频、图纸等资料收藏起来，制成电子版供历届学生自行查阅，有利于提高学生对图纸和建筑工程实物的认知程度。

加强校企合作基地建设。建立互惠互利的利益机制和相互交流协作的协调机制，真正利用好校企合作基地。学校利用企业设备达到丰富实践教学的目的，企业可以在学生实践过程中考察，并择优进行培养，让学校和企业在设备、技术上优势互补，在人才交流方面互相沟通，实现合作共赢。针对学生特定的实践内容，灵活安排现场观摩及相关的业务流程解说。当一合作企业无合适项目，适当安排其他企业合适项目进行补充，并可以选择特定的工程项目，让学生进行全过程跟踪学习，对整体项目进展进行全面了解，如项目施工组织设计、施工节点、验收节点、项目的组织协调等比较抽象的内容，让学生自己学习体会。保证每届学生有观摩学习场地，在这样的实践教学过程中，学生、老师应注意现场安全。老师们分组建立实践学习的管理机制，有组织地带领学生到实习基地参观学习，让学生对整个建筑施工过程有全面了解，对每个建筑阶段有深刻的了解，对建筑内部的构造有直观的认识，这样有助于学生制图与识图的学习。在参观过程中，学生会看到完整的建筑施工图纸，并结合专业老师对照建筑实物的讲解，回到学校课堂上趁热打铁再让学生以此建筑实习工地为模板，要求学生画一些简单的建筑施工图、结构施工图，逐步提高学生的识图制图能力。这样既丰富了教学内容，增加了趣味性，同时激发了学生的学习热情，提高了学生的学习自信。此外可以在现场学习工程量的计算方法，包括钢筋算量等工程量的计算，使学生对建筑工程中需要计算的钢筋水泥混凝土有了直观的立体感受，再不是书本上的刻板认知，增强学生对工程造价专业的感性认识。在抄图过程中要求学生严格按照规范和国家标准抄图，提高学生识图绘图水平，培养严谨负责的学习态度和工作作风。

四、组织参加学科竞赛，提升学生实践创新能力

相关专业技能的学科竞赛也是一种实践形式。由学院相关专业老师出面牵线，联系企业挂名赞助，组织老师负责竞赛相关事宜，包括前期宣传工作，组织学生报名参赛，试卷或作品评审工作，后期发放奖状及奖金，开展考查学生工程绘图能力的手工绘图及软件绘图比赛、考查学生工程计算能力的工程力学知识竞赛。在此过程中，企业挂名起到了宣传品牌的作用，赞助企业若是与学生专业对口，更可以促进与优秀学生深入交流，为本公司输送人才，竞赛本身也选拔了专业技能优秀的学生予以奖励，同时激励了所有学生的学习热情，老师在评审工作中也可以了解学生实践能力的真实水平，制订更有针对性的教学方案。

根据培养目标和岗位职业能力需求，工程造价专业推荐参加的学科竞赛项目主要有：建筑工程制图竞赛、建筑 CAD 竞赛、力学竞赛、广联达算量竞赛、项目管理沙盘竞赛和工程造价技能竞赛等。

第六章　工程造价专业实践教学平台搭建研究

工程造价专业具有实践性强、学科性强的特点，课堂教育当然是必不可少的重要教学模式，但实践教学的开展也是相当重要的。因此，工程造价专业院校需积极、合理地搭建实践教学平台，促进实践教学的实施，以此改变学生脱离实际的尴尬局面。

第一节　工程造价专业网络教学资源平台搭建研究

工程造价专业具有很强的实践性、区域性和经济性，在学习阶段，学生需要掌握一些规范和工程案例等，教师就需要及时提供一些经典的或者具有代表性的工程案例让学生们学习。通过构建工程造价专业网络教学资源平台，努力实现专业人才培养的宏伟目标，为学生提供有效的学习途径，以此提高学习效率，还可以打开书本与现实的通道，为学生学习实践提供帮助。

一、网络教学平台的含义

在国外网络教学资源平台多称为学习管理系统平台，是在线学习和教学全过程的支持环境。网络教学平台分为通用和专用平台，专用是指针对某个学科或者某个机构开发的，如 Blackboard（国外）和清华教育在线 THEOL（国内）；通用平台又分为商业和开源平台，如 Sakai 和 Drupal。随着科技的不断进步，网络教学被越来越多的人接受并使用，典型通用网络教学平台占有市场的绝大部分。国际上高等教育研究的热点——大型开放式网络课程，即 MOOC（massive open online courses），于 2012 年在美国建立，在网上提供免费课程，Coursera、Udacity、edX 三大课程提供商的兴起，给更多学生提供了系统学习的可能（刘颖，2014）。2013 年 MOOC 开始进入亚洲，北京大学、香港科技大学、清华大学等高等学府开始提供网络课程。2014 年前后，中国大学 MOOC 平台迅猛发展，中国 MOOC 用户迅速增长。2014 国内慕课用户仅 150 万人，2015 年增长至 575 万人，增长速度高达 283%（范云云，2017）。2016 年，慕课用户 1105 万人，2020 中国在线教育用户规模高达 3.09 亿人。随着科技的进步，世界的发展，网络学习成为学习中不可或缺的一种学习方式，工程造价专业网络教学平台的搭建势在必行。

二、网络教学平台的优点

工程造价专业具有很强的实践性，课程学习不应当仅仅局限于课本知识的灌输，而应当注重实践和交流讨论。工程造价专业网络教学资源平台的搭建，在一定程度上解决了传统教学模式的弊端问题。建设工程造价专业网络教学资源平台具有以下优点：一是增强学生学习兴趣。网络教学模式下没有老师的照本宣科，新知识的学习需要自己一点一点探索，这样能够激起学生的好奇心，让学生对学习充满兴趣。二是能够提高学生自学能力。通过操作一台电脑甚至是一部手机就可以完成课程学习，所有的操作都由自己控制，能够充分发挥学生自主学习的主观能动性。三是学习的探究性更加深入。学生在网络上进行学习遇到问题时，可以上网查资料，可以问老师，可以跟同专业甚至是不同专业的学生进行交流讨论。网上学习不受约束，学生的思维更加发散，能够深入地探究问题。四是能建立工程项目案例库。工程造价专业经典案例的讲解在学习过程中具有举足轻重的地位，然而教师会经常因为课程学习时间有限无法进行案例讲解。网络教学资源平台可以汇集各种各样的工程项目案例以供学生学习。五是能让学生对本专业有更系统的认识。网络教学平台拓宽了学生学习工程造价专业的学习渠道，让学生能够获取更多与本专业相关的知识，在一定程度上能够让学生更加了解自己的专业。六是为已毕业的学生提供继续学习交流的平台。

三、工程造价专业网络教学资源平台的搭建

工程造价专业网络教学资源平台的搭建应该包含七大板块内容：一是教学资源系统的搭建。在该版块内应该设置有课程学习资源，主要包括网络课

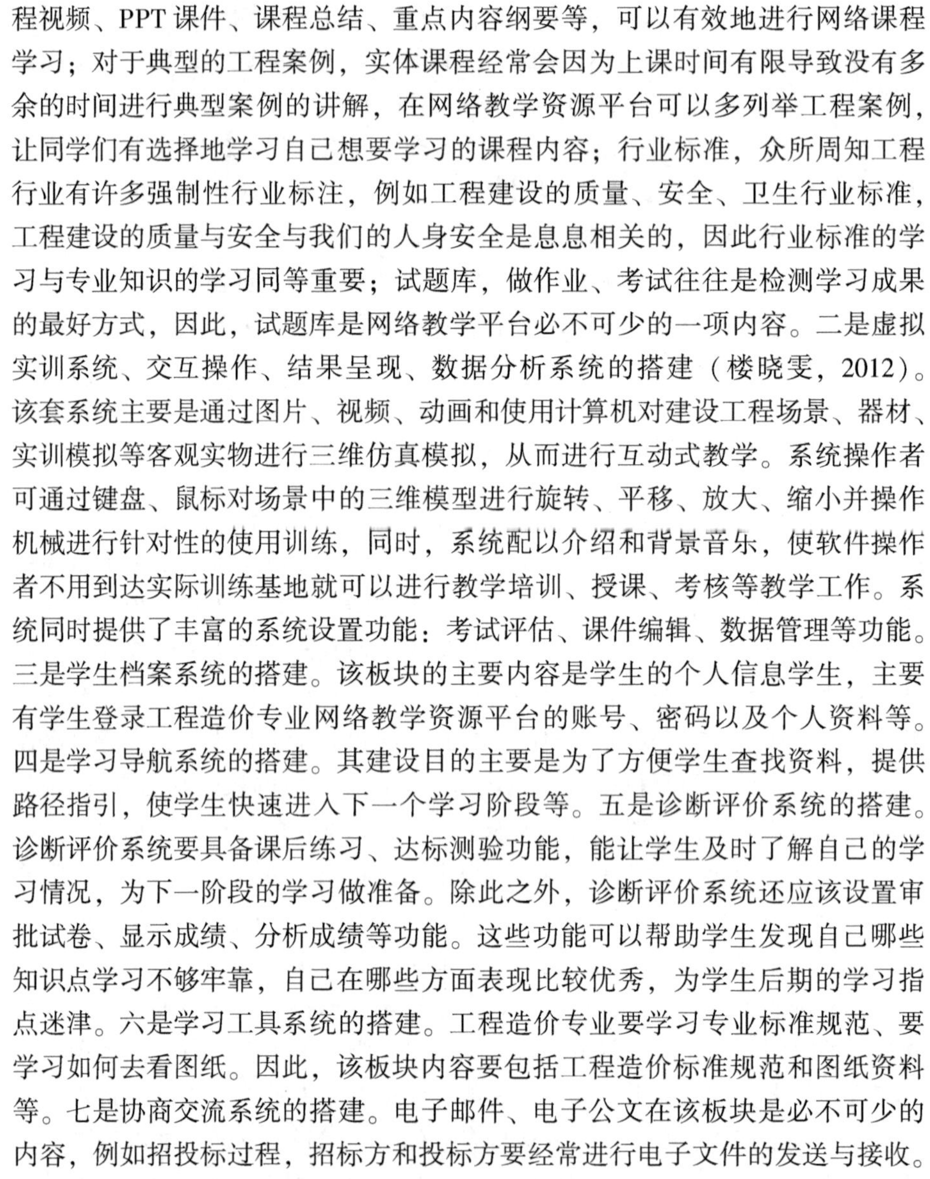

程视频、PPT 课件、课程总结、重点内容纲要等，可以有效地进行网络课程学习；对于典型的工程案例，实体课程经常会因为上课时间有限导致没有多余的时间进行典型案例的讲解，在网络教学资源平台可以多列举工程案例，让同学们有选择地学习自己想要学习的课程内容；行业标准，众所周知工程行业有许多强制性行业标注，例如工程建设的质量、安全、卫生行业标准，工程建设的质量与安全与我们的人身安全是息息相关的，因此行业标准的学习与专业知识的学习同等重要；试题库，做作业、考试往往是检测学习成果的最好方式，因此，试题库是网络教学平台必不可少的一项内容。二是虚拟实训系统、交互操作、结果呈现、数据分析系统的搭建（楼晓雯，2012）。该套系统主要是通过图片、视频、动画和使用计算机对建设工程场景、器材、实训模拟等客观实物进行三维仿真模拟，从而进行互动式教学。系统操作者可通过键盘、鼠标对场景中的三维模型进行旋转、平移、放大、缩小并操作机械进行针对性的使用训练，同时，系统配以介绍和背景音乐，使软件操作者不用到达实际训练基地就可以进行教学培训、授课、考核等教学工作。系统同时提供了丰富的系统设置功能：考试评估、课件编辑、数据管理等功能。三是学生档案系统的搭建。该板块的主要内容是学生的个人信息学生，主要有学生登录工程造价专业网络教学资源平台的账号、密码以及个人资料等。四是学习导航系统的搭建。其建设目的主要是为了方便学生查找资料，提供路径指引，使学生快速进入下一个学习阶段等。五是诊断评价系统的搭建。诊断评价系统要具备课后练习、达标测验功能，能让学生及时了解自己的学习情况，为下一阶段的学习做准备。除此之外，诊断评价系统还应该设置审批试卷、显示成绩、分析成绩等功能。这些功能可以帮助学生发现自己哪些知识点学习不够牢靠，自己在哪些方面表现比较优秀，为学生后期的学习指点迷津。六是学习工具系统的搭建。工程造价专业要学习专业标准规范、要学习如何去看图纸。因此，该板块内容要包括工程造价标准规范和图纸资料等。七是协商交流系统的搭建。电子邮件、电子公文在该板块是必不可少的内容，例如招投标过程，招标方和投标方要经常进行电子文件的发送与接收。

该平台的搭建为工程类学生提供了一个可以相互交流、讨论、帮助、共同学习的多元化平台；为学生甚至是上班族建立了一个学习、查找资料的平台；形成了一个系统化的课程体系学习平台，在该平台不仅可以进行专业知识的学习，还可以进行三维模拟操作练习。

四、工程造价专业网络教学平台存在的问题

重庆大学于2000年开始开设网络教育学院，该网络学院的开设依附于重庆大学相应的普通本科专业，很多学生报名参与学习，深受用人单位的喜爱。该网络教学平台在重庆大学不断的改革与创新下，形成了独具特色的自主学习模式和科学的教学管理模式，具有良好的社会声誉。该学院就包括工程造价专业，其主要开设课程有画法几何与工程制图、房屋建筑学、建筑材料、工程项目管理、工程造价管理等。在该网络教学平台，可以参加语音答疑互动、BBS论坛互动，还可以进行网络课件自学、做作业以及课程考试。当然也会有专门的老师进行作业讲评和试题讲评。尽管如此，重庆大学的网络教育平台和其他高校一样也都存在着或多或少的问题。

表6.1　网络教学平台功能应用分析统计表

教学环节	具体功能	使用率（%）
教学资源存储和发布	添加教师简介、教学进度表、教学大纲	100
	添加教学课件	98
	添加web链接	56
	添加音频、视频、图像	12
虚拟实训、交互操作、结果呈现、数据分析	建设工程三维仿真模拟训练	0
	模拟训练	0
	模拟训练评估	0
学习诊断评价	作业	23
	考试	11
	成绩中心	13
学习工具	工程造价标准规范	0
	图纸资料	0
协商交流	论坛	8
	电子邮件	22
	博客	4

由表6.1发现工程造价专业网络教学平台搭建主要存在以下几点问题。

一是教学设计问题。目前，无论是工程造价专业网络教学平台建设还是其他专业网络教学平台建设都是集中在课程上，着重点放在课程内容的学习上，主要学习方式局限于视频教学和章节检测与期末检测，并没有把着重点放在实践教学上。除此之外，课程教学方式没有对课程内容进行拓展，尤其对于工程造价专业，课程上经典建设工程的案例教学是必不可少的。在接下来的建设过程中，要为教师提供多元化、持续性的培训和支持服务，使教师成为网络学习环境、活动、资源的设计者、开发者和管理者，设计出更符合工程造价专业学生的网络课程体系。

二是实践内容问题。工程造价专业具有很强的实践性，这也就决定了该网络教学资源平台的建设应该把着重点放在实践环节上。例如，在网络教育资源平台增加实践性学习设计板块，主要包括网上模拟实验、模拟练习、案例设计等。实践内容的设计可以模仿广联达 BIM 招投标软件的应用，充分利用各种新技术，如人工智能技术。

三是高级应用设计问题。当前网络教学资源平台的搭建还处于网络应用的低级阶段，课程建设仅仅局限于视频教学和学习检测，并没有实践教学。教学效果的改善需要将先进的网络技术应用于该平台的搭建，将网络教学资源平台推向网络的高级应用阶段。目前，市场上已经有许多的新型网络技术被应用于生产、生活的方方面面，如多重智能代理技术、虚拟现实技术。如果这些技术能够应用于工程造价专业网络教学资源平台的搭建，那么无论是在课程制作还是课程管理、应用上都会有很大的提高。

四是资源共享问题。当前各高校以及高职等院校的网络教学资源平台课程只对本校学生进行开放，并没有实现真正的资源共享。在今后的发展过程中，各院校需相互借鉴，将优秀的教学资源进行整合，共同构建工程造价专业网络教学资源平台，实现资源共享、开放式网络教学。

五是技术标准规范化问题。很多网络课程只能在固定的平台进行课程学习，无法适应不同的学习管理系统。在接下来的网络教学资源平台的搭建过程中必须要实现网络课兼容性与技术标准方面的规范化。

六是人的自身因素。在网络上自主学习，缺少教师的指导常常会找不到头绪，学生在学习过程中容易思维中断。网上学习会造成同学间交流减少，情感缺失。除此之外，BBS 上发帖询问问题时，教师由于种种原因无法及时给予答复，造成学习滞后。

上述问题的解决将会给工程造价专业网络教学资源平台的搭建带来巨大的变化，将会成为网络课程在教育领域发挥更大应用价值的关键。

五、结语

尽管工程造价专业网络教学资源平台现有很多的高校都在做，但是由于种种原因，网络教学平台的教学效果并不理想。除了上述的一些原因外，还有就是由各地区的定额、计算方法以及费用标准不同造成的。众所周知，我国各地区之间经济发展有很大的差异，经济水平的不同促使国家允许各地区可以制定属于自己的定额、计算方法、费用标准等。这些差异性致使工程造价专业网络教学资源平台的搭建充满挑战。目前，很多高等院校的工程造价专业网络教学资源平台仅仅是将精品课程挂在网上，并没有推出完整的工程造价专业网络教学资源平台。因此，需要整合全省各高等教育学院的网上教学资源，实现教学资源的全面共享。最终要将工程造价专业网络教学资源平台构建成不仅能够进行视频教学、网上阅卷、成绩测评，还要能够进行在线交流、互动教学的网络教学平台。

第二节　工程造价专业“模拟岗位”教学平台搭建研究

工程造价专业是最近几年才发展起来的，要使学校培养的人才能够达到市场综合能力的要求，工程造价专业对学生实施多元化岗位培训是至关重要的。工程造价专业“模拟岗位”教学平台搭建的目标是培养高技能应用型造价人才，要根据工作岗位的实际需要，以工学结合为前提，在学生实习期间，按工作岗位内容及职责，并通过激励等方式，提高学生的专业知识与动手能力，使学生更好地适应工作岗位。

一、“模拟岗位”法

在高等院校的实践教学活动中，采用以学生为主体的模拟教学方式，将学生将来要从事的工作岗位引入课堂，让学生担任不同的岗位，相互交流、学习，共同解决工作任务，在学习的过程中感受以后的工作环境，熟悉以后的工作内容，学习解决工作中遇到的问题，最终让学生具备基本的职业素质和专业技能。“模拟岗位”教学模式使学生能够学用结合、练学交替，同时能够让学生亲身体验自己今后的实际专业岗位，在模拟中锻炼，在交流中进步。这样能提早掌握今后的工作目标和任务，在教学过程中激发学生学习兴趣，进一步加强学生实践能力、专业技能和职业能力，同时在与人的交流中提高其交际能力。

二、工程造价“模拟岗位”教学模式的构建

工程造价专业的学生在毕业后可以从业的单位有很多，如建设单位、中介咨询、施工单位等（刘凤萍，2013）。不同的企业因性质不同，岗位职责也就不同，这就导致具体的职能以及工作的方式、方法会存在差异。所以，在设立工程造价专业“模拟岗位”时，要根据企事业单位的不同设立与之相对应的工作岗位。这样，才能满足实际工作的需要。下面，我们以中介咨询机构为例，简述如何设置“模拟岗位”。首先需要把工程造价岗位划分四个方向：工程项目招投标、安装预算、概算和技术经济、土建预算。各岗位均设置一个职业岗位群，各岗位有多个专业小组，指导老师指任小组组长，小组成员则为工程造价专业的学生。“模拟岗位”的设定需要依据职业岗位方向，因为职业岗位方向不同，具体工作内容也会存在差异。下面以土建工程预算岗位为例进行“模拟岗位”介绍。“模拟岗位”的设置根据实际工作岗位进行确定，具体岗位有一级造价员、二级造价员、三级造价员和副组长，不同的是，“模拟岗位”可以不设置科长及以上职务（洪敬宇，2008）。同时，根据学生岗位不同，确定符合实际的“模拟岗位工资标准”。岗位和工资标准的差异性，可以激发学生的斗志，使其努力工作，使其专业技能得到充分提高。

三、工程造价“模拟岗位”教学模式的实施

（一）“模拟岗位”的确定

岗位的选择首先要符合实际工作的要求，其次要根据学生的意愿。学生在上述确定的四个方向中选择一个，一开始大家起步相同，都是三级造价员。

（二）“模拟岗位”工作绩效考核标准的确定

因为不同的企业具有不同的性质，所以对员工的考核方法自然也会存在差异。因此，“模拟岗位”教学模式中对于学生工作的考核要依情况而定，结合实际，做到公平公正。具体从以下两个方面对学生进行考核。

（1）工作量的考核。根据工程项目图纸完成整个项目分部分项工程的计算，进而求出工程的总造价。然后，对学生完成的工程项目图纸量和工程总造价进行考核。通过公式对学生的工作绩效指数进行计算，将结果与工作绩效指标考核标准相对照，如表 6.2 所示。然而，仅以图纸量和工程造价的多少来确定学生的工作效果是不够公平的。因为工程总造价的高低与图纸数量的多少并没有多少相关性。因此，为使考核更加公平，在实际考核过程中要根据岗位工作的难易程度设置相应的岗位权重，如表 6.3 所示。具体的计算公式为：工作绩效指数=个人月度完成工程总造价/本方向岗位月度完成工程总造价×所赋岗位权重+个人月度完成图纸量（折成 A1）/本方向岗位月度完成图纸总量（折成 A1）×所赋岗位权重×某方向岗位的作业人数（洪敬宇，2008）。根据公式可算出最终结果，与表 6.2 进行对比，对于三级造价员来说，工作绩效指数大于或等于 1 的，就已经完成本月任务了。

表 6.2　工作绩效指数考核标准

模拟岗位	三级造价员	二级造价员	一级造价员	副组长
工作绩效指数考核标准	1	1.15	1.3	1.5

表 6.3　岗位权重考核标准

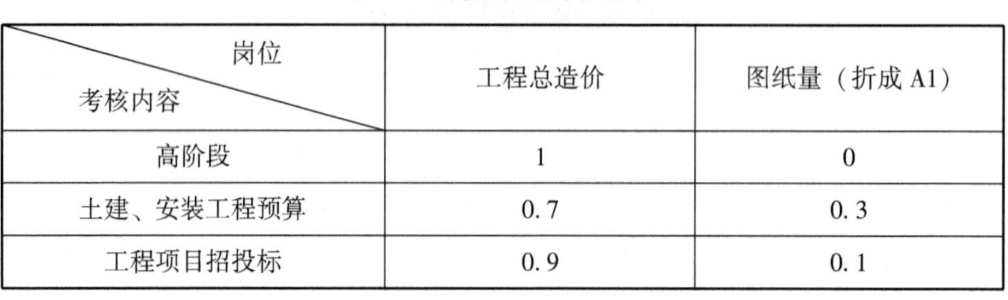

考核内容＼岗位	工程总造价	图纸量（折成 A1）
高阶段	1	0
土建、安装工程预算	0.7	0.3
工程项目招投标	0.9	0.1

（2）工作效果的考核。工作绩效考核单纯按照工作量的多少是不够准确的。因此，还要对学生完成的工作量进行质量考核。实绩考核中可建立三级审核制度：第一级是互审，顾名思义就是让学生之间对所完成工作的质量进行审核；第二级是组审，由组长或副组长审核每个学生的工作质量；第三级是科审，由科长审核本部门学生的工作质量，也可由与科长同级的负责人进行审核。

主要考核内容是：工程量计算的准确程度，工程量清单描述的正确性，预结算的准确程度，投标报价的准确程度，合同条款制订的合理性等。根据考核内容对学生完成的工作量进行三级审核打分，再由三级审核权重（表 6.4）求出加权平均值，最后得到每个学生的工作质量得分，即：工作综合评定得分=互审得分×所占权重+组审得分×所占权重+科审得分×所占权重。

表 6.4　三级审核权重表

审核级别	互审	组审	科审
权重	0.3	0.5	0.2

（三）“模拟岗位”教学模式的“晋升”机制

合理的竞争措施能使学生在工作中更具有积极性和创造性。因此，在实际教学过程中也要设立相应的措施，如在“模拟岗位”教学中设立岗位“晋升”机制，按照学生工作完成效果进行逐级晋升。

要设立合理的岗位“晋升”考核标准对学生进行考核，做到岗位“晋升”科学、公正。具体考核内容为学生技术水平和组织、管理能力。关于技术水平的考核，这方面可直接参照“模拟岗位”工作绩效指数直接认定；组织和管理能力的考核，则需要组长根据学生平时的工作表现和效果进行评分。

每个月组织一次“晋升”考核。如果学生在第一次考核中，工作绩效指数能够达到指数标准的1.15倍，或者工作综合评定得分在85分以上，就可以将其岗位由三级晋升为二级造价员。除此之外，学生的“模拟岗位工资”也会提高，和二级造价员工资一致。学生如果在一连两个月的考核中都能达到上述标准，那么就能从二级上升到一级造价员岗位，当然，其工资也会得到相应的提高。没有达到以上标准的同学在下个月的考核中若达到标准依然可以获得岗位“晋升”。对于综合素质较强的学生，可以申请岗位晋升到副组长，协助组长工作。

三、“模拟岗位”教学模式的激励机制

为充分调动每个学生的积极性，引导他们在工作岗位上尽职尽责、努力工作，在“模拟岗位”的教学中还应该采取一定的激励措施。

并不是所有的学生都能达到岗位“晋升”的标准，但是也要通过其他方式对工作绩效相对较高的学生进行奖励，以此达到鼓励学生积极工作的目的。对于考核不满足岗位“晋升”标准，但工作绩效指数和工作综合评定得分均为上个月的115%以上的学生，就可以提高其“模拟岗位工资”或者发放实物奖励。

四、“模拟岗位”教学模式实施的保障条件

“模拟岗位”教学模式以土建工程预算岗位为例，学生在完成任务的过程中需要学校提供大量的工程案例、工程图纸、算量软件以及当地的定额等。除此之外“模拟岗位”教学模式对指导教师的技能水平提出了较高的要求。学生在完成任务的过程中会向老师请教问题，这就要求指导教师首先要有较高的理论知识水平，其次还要熟悉实际工作流程以及工作岗位和岗位职责，只有这样才能为学生提供高质量的“模拟岗位”教学。这也就要求指导老师和学生一样要不断地学习，利用课余时间到企业参观学习，积累经验。

五、“模拟岗位”教学模式的效果

中国环境管理干部学院工程造价专业先后在八家校外实训基地开展“模

拟岗位”教学，实践效果显著，该学院就业率从2006年的87.8%直接上升到97.6%（洪敬宇，2008）。除此之外，“模拟岗位”教学模式缩短了课堂与社会、从业岗位的距离，使学生了解今后的工作及内容；能将课程内容与从业活动紧密联系起来，解决理论联系实际的问题，达到学以致用的目的；将教师“传道、授业、解惑”过程有机地统一起来，在传授知识、技术的同时，教会学生如何学用结合，并潜移默化地接受职业道德教育、就业教育，全方位培养学生的职业能力；学生可以直接感受完成一项工作所具备的知识、技术、条件、方法等，学会怎样做事，怎样与人相处，怎样协同完成工作任务。

在“模拟岗位”教学模式中，学生变成教学模式中的主体，全程参与教学活动中，教师在整个教学活动中只是起到引导作用。因此，“模拟岗位”教学模式能够培养学生的独立思考能力、自主学习能力，真正地掌握专业知识。在“模拟岗位”教学的整个过程中，每个学生全程都担任职务，直接参与“真实”的工程项目中，充分调动学生的学习热情，帮助学生提前熟悉以后的工作环境，培养学生的动手实践能力以及团结协作能力。因此，“模拟岗位”教学能够让学生在校期间就掌握工作岗位上应学习的技能，在较短的时间内适应工作岗位，减少了学生毕业后实践积累的时间。

第三节　工程造价专业“以赛带训”教学平台搭建研究

工程造价专业本科教育最终的目标是培养面向生产第一线的高技能应用型专业人才，更主要的是培养具有知识能力和素养的全能型人才。通过工程造价专业“以赛带训”教学平台的搭建，增强学生实践能力，以赛促学、以赛促练，锻炼学生的动手实践能力和思维能力。

一、“以赛代训”教学模式内涵

工程造价专业的综合性较强，涉及的学科范围较广，高等院校开设工程造价专业课程除了专业核心课程外，还会开设经济学课程和管理学课程，这些课程之间都会有一些内在联系。随着社会的发展，工程造价专业变得越来越重要，高等院校工程造价专业教学改革也在不断推进，选择科学的教学模式就显得更为必要。因此,“以赛代训”教学模式的构建志在必行。“以赛代训”模式主要是指基于人才培养目标,学校通过对工程造价专业进行实际调研,掌握工程造价专业学生就业方向以及职业技能需求,然后建立相应的竞赛项目。联合企业共同开展竞赛,设立奖励措施,带动学生参加竞赛。在参加竞赛的过程中,为提高学生成绩,学校会专门组织培训,提高学生的专业技能和动手实践能力,从而以带动课程实验实训。

开展竞赛项目,鼓励学生参加技能竞赛具有以下优点:①提升学生的专业技能、职业技能。②有利于加强学校和政府之间的联系。③帮助教师了解学生的学习情况,进而制订接下来的教学方案。④有助于提升教师的综合素质。⑤有利于及时调整课程结构,深化课程教学改革。⑥有助于进一步加强工程造价院校与企业的合作。

二、“以赛代训”教学模式在工程造价专业中的实践

(一) 竞赛项目开发

通过专业调研掌握工程造价专业的培养目标以及毕业后就业岗位所需要的专业技能,联合企业以及政府共同制定竞赛项目。在实际教学过程中,要注重专业课程开设时间,尽量在每学期都有专业课程与竞赛项目相匹配。根据培养目标和岗位职业能力需求,最终确定五个竞赛项目:建筑工程制图竞赛、建筑 CAD 竞赛、广联达算量竞赛、项目管理沙盘竞赛和工程造价技能竞赛。这五项竞赛涉及的专业课程和专业技能见表 6.5。

表 6.5 竞赛项目与专业课程、专业技能对应表

竞赛项目	专业课程	专业技能
建筑工程制图竞赛	建筑工程制图 建筑构造	建筑工程施工图识读能力 熟悉建筑制图标准和绘制方法
建筑 CAD 竞赛	建筑工程 CAD 建筑构造 建筑工程识图实训	建筑工程施工图识读能力 建筑工程 CAD 绘制方法 熟练应用造价软件能力

续表

竞赛项目	专业课程	专业技能
广联达算量竞赛	建筑工程识图实训 建筑材料 建筑工程施工 建筑工程计量与计价 工程造价电算化	建筑工程施工图识读能力 参与编制建筑工程施工图预算能力 参与编制工程控制价与投标报价能力
项目管理沙盘竞赛	建筑施工组织与管理 招投标与和合同管理 项目管理 建筑工程经济	参与编制与审核工程结算能力、建筑工程量清单能力 具有编制和管理建设工程施工合同文件能力
工程造价技能竞赛	建筑工程识图实训 建筑材料 建筑工程施工 建筑施工组织与管理 招投标与和合同管理 建筑工程计量与计价 工程造价电算化 建筑工程资料整编	建筑工程施工图识读能力 熟练应用造价软件能力 参与编制与审核工程结算能力 具有编制招投标文件的能力 具有编制工程施工合同文件能力 具有对文件资料进行收集、整理、筛分、建档、归档的能力
工程造价技能及创新竞赛	安装工程计量与计价 装饰工程计量与计价 建筑工程计量与计价	建筑工程、安装工程图纸识读能力、工程量清单组价能力

（二）竞赛项目实施管理

首先要成立竞赛小组，小组成员由工程造价专业理论知识扎实、专业技能强的优秀教师团队组成。其次，小组成员进行竞赛项目设置，制定一些符合工程造价专业培养目标以及岗位技能要求的技能大赛。然后，鼓励同学参与竞赛项目，组织培训。最后，开展竞赛，进行赛后评审，对优秀的学生发放奖金和荣誉证书。竞赛项目的实施需要院系作为支撑，积极宣传竞赛项目并予以经费支持。

三、"以赛代训"教学模式在工程造价专业中实施的效果

（一）促进"以赛代调"模式与工程造价专业有机结合

拥有工程造价专业的高等院校要想建立"以赛代训"教学模式，就必须对相关课程进行改革，更多地讲授与竞赛项目相关的课程，将竞赛内容与课程内容相结合。除此之外，还要将与工程造价专业相关的资格考试内容与专业课程相结合。在实际教学过程中，教师应当着重加强学生的工程图纸识读能力和相关软件的操作能力，如熟练操作广联达 BIM 钢筋算量软件。

（二）促进专业建设和校企合作

"以赛代训"教学模式的实施使工程造价专业对学生的培养更具有针对性，注重培养学生的专业技能，加快课程改革，使课程教学目标更加明确，促进专业技能实验实训基地建设。近年来，工程造价专业同许多知名企业合作，共同建立了工程造价专业实验室，如与广联达软件股份公司共同建立了广联达 BIM 招投标实验室。除此之外，高等院校工程造价专业与企业合作共同举办竞赛，互惠互利，如华为种子计划——力学竞赛。

（三）促进专业建设与政府部门合作

"以赛代训"教学模式的合理、科学应用离不开政府部门的支持。首先，政府部门具有强大的号召力，能够带动更多的院校参与到竞赛活动中，加强工程造价专业院校之间的交流合作。其次，政府部门能够出台相关的政策，带动工程造价专业"以赛代训"教学模式的发展。然后，政府部门能够提供竞赛项目所需的资金，确保竞赛顺利开展。因此，工程造价相关院校要制订合理可行的竞赛项目、完善的竞赛方案，向政府部门提出申请，详细说明"以赛代训"教学模式实施的必要性、科学性，让政府部门愿意主动支持"以赛代训"教学模式的开展并在竞赛项目上予以资金支持和宣传。

（四）提高教师能力

工程造价专业教师专业理论知识的水平和动手实践能力的高低直接影响

到“以赛代训”教学模式实施的效果。因此，为使“以赛代训”教学模式能够科学、合理地应用到工程造价专业的教学中，应不断加强教师的专业能力水平。除此之外，教师对于“以赛代训”教学模式是否有科学的认识也至关重要。相关院校应提高教师对“以赛代训”教学模式的了解程度，让教师认识到该教学模式对于培养学生专业技能的重大作用。之后，教师能够根据工程造价培养方案以及岗位职业技能需求为学生制订合理的竞赛方案。只有这样，才能够发挥“以赛代训”教学模式的效果。

（五）提升学生职业核心能力

“以赛代训”教学模式的实施，增加了学生参加竞赛的机会，对学生的培养起到积极作用：提高学生的竞争意识，锻炼学生的心理素质；竞赛项目大多需要团队合作，提高学生的团队意思；培养学生的创新能力和创造力，激发学生的学习兴趣，主动学习专业知识，提升专业技能。

四、“以赛代训”教学模式在工程造价专业课程教学中的运用：以“工程力学”为例

（一）工程力学课程教学特点

新工科建设背景下，专业课程体系的设置与教学要满足高等教育改革发展的新需求，既要有工科课程的专业属性与内涵，使学生掌握一定的基础和专业技能；又要有一定的价值取向和创新，使得课程设置能够为新工科建设卓越创新型人才的培养服务。工程力学是工程造价专业的专业基础课，通常包括理论力学和材料力学两大部分，而现阶段工程力学的教学现状和效果距离新工科建设课程体系的要求还有很大的差距。课程教学内容较多且复杂、有一定的难度、学生接受度较低、参与度和学习兴趣不大，教师教学方法和模式较为单一、教学效果不理想，这些都要求高校教师要寻找和探索新的教学路径，转变教学理念，重构教学内容，翻转课堂，构建良好的教学情境，激发学生的学习热情，提高课程的教学效果，满足力学创新型人才培养要求。

工程力学课程通常开设在第三或第四学期（有些高校专业大类招生，也会在第五学期开设），具有承上启下的纽带作用，既是高中物理、大学数学等课程的延伸与扩展，又是后续众多工科专业课程的铺垫与基础，学生刚开

始接触专业基础课，逐步通过课程对自身专业有一定的认识与了解，因此，工程力学课程学习效果好与坏直接关系到学生后续专业课程的学习，学习效果差更会使学生丧失力学学习兴趣，更有甚者会产生厌倦专业、厌倦学业的不良心理状态。因此，新工科建设背景下，要求任课教师重新审视和整理教学内容，改革教学方式，让工程力学等此类专业基础课发挥关键和重要的专业学习和人才培养作用。理论力学使学生学会分析物体的受力状态、掌握刚体机械运动的基本规律和力学计算方法，进而能够分析生活中或者工程实践中的力学现象。材料力学主要使学生能够求解变形体在外力作用下的强度、刚度和稳定性，进而分析工程实际的一些力学问题，能够进行安全及稳定性设计。因此，工程力学课程具有内容多、理论性强、涉及专业面广、研究对象抽象，实践应用性强等特点，其理论和计算方法在工程技术领域有着广泛的应用。因此，随着教育科学技术和力学分析软件的发展，工程实践对力学分析能力的要求也越来越高，力学课程教学也要与之相匹配、相适应，这就要求工程力学教学要适应学科发展的需要，思考和重视课堂教学内容，借助一定的技术手段和方法，通过特定的学习方式，科学、合理、有效地进行教学设计，使学生掌握扎实的力学建模和分析能力。

（二）工程力学课程模块化教学体系构建

工程力学课程公式原理较多且推导过程复杂，知识点抽象且关联密切，解题思路多样且复杂，而且，课程教学枯燥乏味，难以引起学生兴趣，学生挂科率较高，加之各专业课程课时被普遍压缩，工程力学课时在有些学校被压缩至 36 课时或 54 课时。面对日益复杂的工程技术以及更高标准的力学分析能力，如何在紧缩的课时中培养学生基本的力学实践能力和创新能力，提高学生的力学学习兴趣，为学生从事工程技术和满足产业发展打下坚实基础，是高校教师力学课程改革的出发点和着手点。

为满足上述要求，可将工程力学教学内容进行分解。对于一些重要的、关键的、常考的理论和知识点，采用课堂集中讲解的方式；对于一些综合性的知识点，需要根据基础理论进行概括、总结和升华，采用“归纳—演绎”教学方法，将典型例题、综合题、实际生活和工程问题通过专题讲解的方式进行教学；对于一些高难度、薄弱和边缘力学问题采用力学兴趣小组的方式让学生进行课后探讨和分析。通过这三种方式，可以将工程力学课程内容进行分级、分阶段、分层级地教学与讲解。一方面通过精简内容的课堂教学可以让学生掌握课程的重要知识点是哪些，减轻课堂教学压力，适当给课堂教学“降负”；另一方面，通过专题教学模式，老师抛出一个工程问题生活实际问题，让学生根据现有的力学基础知识，进行综合问题的分析、归纳、求解、延伸和总结，老师起引导和指导作用，采用这种逻辑方法来教学，可以训练学生的解决实践问题能力和综合思维能力，培养学生力学建模能力，提高学习工程力学课程的兴趣。因此，通过探索和实践工程力学课程的教学改革，构建工程力学课程模块化教学体系，合理、科学、有效地进行课程内容划分，灵活、高效地采取多元化教学模式，将学生从“填鸭式”“被动式”“固有力学模型”的力学课程教学中解放出来，训练学生自身的力学分析、力学建模和力学求解能力，掌握解决日常生活和工程实际中的真实力学问题的真本领、真学问、真技能，培养具有动手能力丰富、综合分析缜密、创新能力强的力学人才。

（三）力学竞赛与工程力学教学的有效融合

全国周培源大学生力学竞赛是当前参赛学生数量最多、覆盖专业面积最广、竞赛影响力最大、认可度最高的力学竞赛，目的是充分挖掘工科专业（力学、物理、土木、机械等相关专业）的力学优秀学子，培养和训练学生的力学实践能力和力学创新精神，更好地服务于高校人才培养，为培养拔尖创新型人才提供重要路径与渠道。竞赛主要考察理论力学和材料力学相关知识的综合运用，竞赛题目往往贴合实际，题型新颖，综合性强，较为拔高，参加竞赛可以扩展学生的知识面，提高学生建模和计算能力，赛题的灵活性和创新性更有利于培养学生的创新能力。面对课时紧张、课程内容繁多、课程教学压力过大的工程力学教学，如何将力学竞赛有效的融合到工程力学教学过程中，是高校力学教师值得思考和实践的问题。

基于上述构建的工程力学课程模块化教学体系，可以根据教学任务与竞赛范围的合理划分来进行工程力学课程的讲解，一些基础性的理论、概念和公式可以通过日常课堂教学来完成，一些综合性问题可以采取专题模式进行引导与讲解，对于一些不常用的考点可以通过课后兴趣小组来进行自学与交流。课堂上教学相长、双向学习，专题研讨使学生自主学习、主动分析和建模，课后学生自主学习、兴趣团队相互影响、发散思维、独立思考。这样就可以把一部分教学内容放到课后，节省课堂教学时间，同时，又可以训练学生综合分析问题、构建模型、解决问题和归纳总结的能力，培养学生自主学习、团队学习、创新性学习的能力。

（四）基于“以赛代训”的工程力学课程教学实践路径

1. 创新教学模式，提高教学效率和效果

工程力学课程教学改革要达到新工科建设课程体系的建设要求，就需要做到“内容新颖饱满、课时灵活精简、课堂反响热烈”，传统的课堂教学模式很难满足，因此，从教学内容和教学模式上应全面进行改革探索。将工程力学课程中的定理、公式、概念和知识点进行分类、分析、比较、归纳和总结，系统构建A、B、C三类教学内容，采取不同的教学模式和教学考核要求进行分级、分类讲授，提高课堂教学效果和效率。比如，采用传统课堂授课方式，将分类好的A类知识点进行教学，教师将占据主导地位，主要是让学生掌握力学的基本理论和简单应用；采用专题教学模式，课堂和课后进行实际问题的建模、分析和求解，节省课堂时间，课上课下混合联动，分类满足期末考核和竞赛要求；采用课后竞赛兴趣小组模式，进行C类知识点的自主学习，培养学生的团队意识和创新精神。

2. 以力学竞赛为抓手，夯实学生力学实践和创新能力

要实现工程力学课程教学改革，就必须借助力学竞赛这一抓手，激发学生学习力学的兴趣，训练学生的力学思维、力学建模和创新能力。此外，要想将力学竞赛融入工程力学教学过程中去，对授课教师的专业知识结构、课程内容把握程度、课堂组织能力等要求较高，需要任课教师全面、系统地熟悉课程内容与竞赛内容的关联度、课程体系与考核要求的契合度，以此来提高教师的教学水平，促进工程力学课程教学改革。因此，课程教学融入力学竞赛，不仅能够提高课程内容吸引力，引起学生兴趣，而且力学竞赛奖项具有较高的含金量，能够为学生今后就业及继续深造提供良好基础。同时，以力学竞赛为抓手，构建工程力学课程模块化教学体系，能够促使高校和教师进行课程改革，强化学生力学建模能力，提升课程教学质量。

3. 基于“以赛代训”理念，促进“专创”一体化

在工程力学课程“以赛代训”教学中，引入力学竞赛，正好是“专创融合”教育的发力点和落脚点，竞赛内容可以作为教学内容的补充，提供难易

程度不同、层级不同、教学方式不同的课程内容体系。这样不仅可以极大地提升学生的基本素质和专业素养，还能培养学生的创新思维和创造力，是实现“专创融合”教学理念的有效媒介，因此，基于“以赛代训”的工程力学教学改革为高等院校专业课程改革提供了一条新途径。

近年来建筑行业规模不断扩大，工程造价在建筑行业的重要性日益显著，市场上需要越来越多的造价类人才。随之，不断有高校开始开设工程造价专业。然而，在各种因素的影响下，工程造价专业的教学效果并未取得较高的成果。为了进一步提高学生的综合素质，相关院校要实施课程改革，改变传统教学模式的单一性，将“以赛代训”教学模式引入工程造价专业的教学中。通过让学生参加工程造价专业技能大赛来达到锻炼学生的专业技能的目的，进而不断提高学生的综合素质。“以赛代训”教学模式能够将专业技术与工程项目融合，使得竞赛项目更具有实操性。通过参加技能竞赛能够调动学生的积极性，可以检验学生专业知识、技能水平，发现教学过程中存在的问题，促进教师在教学中及时进行教学改革。“以赛代训”教学模式在工程造价专业教学中的实施将为社会培养出一批不仅懂理论而且懂技术的全面型工程造价人才。

第四节　工程造价专业实训课程“二化结合”教学平台搭建研究

随着我国教育事业的蓬勃发展，实训教学的实施显得越来越重要。目前工程造价校内实训室的建设仍然停留在机房或依附在建工专业实训室。随着社会的不断进步、科技的不断发展，目前提出了工程造价专业实训课程“二化结合”教学模式。“二化”指的是专业知识的“软化”和实验实训的“硬化”（姜利妍，2015）。“二化结合”教学模式，在强化工作流程的基础上，加强专业理论与实例知识和实验实训室的结合，要有针对性和系统性地对待工程造价专业学生的核心课程和校外实训，努力实现实践能力培养与理论知识学习、学生校内实训与社会实践的有效衔接。

一、工程造价专业核心课程建设

工程造价专业必须全面提高教学质量，按照经济社会人才培养要求对工程造价专业学生进行高等教育培养。对工程造价专业学生的培养，要以就业为目标，实施理论知识与实践相结合的教学模式，以“工学结合”为重要切入点，实施工学交替、项目导向、任务驱动的岗位实践培养教学模式。如此，能够让学生提前熟悉工作环境，培养学生对社会环境的适应能力，提升学生的专业技能，增强学生的交流沟通能力，提高学生的团队协作能力，培养一批懂技术、懂管理的综合型工程造价人才。

根据“面向市场设专业，面向岗位定课程”的职业教育特点，相关院校应联合企业共同研究工程造价专业的培养目标与学生毕业后的主要就业岗位、职业岗位能力需求。首先，确定了工程造价专业的培养目标。其次，确定了工程造价专业学生毕业后的就业岗位与业务能力需求，基本就业岗位为“五大员”岗位（即材料员、施工员、造价员、质量检测员与安全员），拓展岗位为造价工程师、项目经理、注册建造师等。通过对基本岗位和拓展岗位进行职业能力分析，进行工程造价专业核心课程改革，根据工程造价专业培养目标和职业岗位需求确定专业理论知识核心课程并建立相关的实训课程，各门课程相互关联形成一个有机的整体，构建系统化的课程体系。

建筑工程计量与计价、安装工程计量与计价、建筑工程招投标与合同管理、建筑项目管理、建筑工程施工组织管理这五门课程是工程造价专业学生必须掌握的专业核心课，相对应的是将来工程造专业的五大工作领域。建筑工程计量与计价和安装工程计量与计价是最重要的两门课程，在工程造价专业中具有支柱作用。这两门课程不仅能够培养学生的建筑工程识读能力，还能够培养学生的动手算量能力。调查结果显示，学生毕业后会直接运用到这两门课程学到的知识。建筑工程招投标与合同管理和建筑项目管理这两门课一是培养学生的综合管理能力和学生对建设项目管理的宏观调控能力，二是培养学生的综合管理的能力；而建筑工程施工组织与管理课程则主要是教学生如何对施工现场进行组织和管理，以及如何在招投标过程中进行技术标的编制和执行。

二、以工作流程构建工程造价专业课程实训室

工作流程是指工作中的活动顺序，其内容包括工作步骤、环节和程序，各工作之间具有动态的逻辑顺序。工程造价有一条典型的工作流程，工程造价专业开展课程要围绕编制招投标文件进行工程项目管理（建设单位）及施工组织管理（施工单位），编制项目结算书。

因此，有必要建立符合工作流程的实训室——土建识图算量实训室、安装识图算量实训室、工程造价软件实训室、施工组织与管理实训室、工程招投标模拟实训室、项目管理沙盘对抗实训室等。工程项目的造价管理是一个全过程的造价管理，按照工作流程，从投资决策的早期阶段，到工程项目进行招投标，再到施工阶段的组织管理，最后是竣工验收阶段，都要进行经济结算。工程造价专业注重培养学生将来应对各种任务的处理能力，提升学生的组织管理水平。工程造价专业的实训室将建设成一个更为系统、逼真、能够提供学生实训技能培养的校内实训基地，针对学生的工程造价理论知识和实践能力进行着重培养，从而促进理论知识的软化和实践能力的硬化培养。

土建（安装）识图算量实训室。其主要应用于培养学生对工程量的计量和计价能力。学生根据图纸进行工程量的计算并编制工程量清单。其中，在土建识图算量实训室内可以通过软件将图纸上的梁、板和柱建立到软件中，对于复杂的配筋可以通过钢筋三维进行实物放大查看，便于学生学习；安装识图算量实训室可以应用于给排水工程、采暖工程以及通风工程。学生可以应用相应的软件将图纸中二维的管道、设备转换成三维的模型，甚至是实物模型，学生可以进行放大查看，便于理解。在该实训室内可以讲授建筑工程识图、管道识图与计算等土建、安装类识图算量的课程。

工程造价软件实训室。科技的发展，网络技术的广泛应用，使工程造价已经从手算阶段过渡到电算化阶段。为了提高工程造价的效率，企业开始通过软件进行工程项目的预结算、编制投标报价、投标控制价等工作。因此，熟练操作和应用工程造价软件是造价员必备的能力。学生可以先熟悉图纸，学会如何进行工程量计算，然后去工程造价实训机房进行实操练习，熟悉软件功能、收集各种报价表、套定额等。除此之外，相关院校可以与当地企业联合，共同举办工程造价算量与计价技能大赛，这样不仅可以提高学校师生的软件应用能力，还能够加强与企业之间的联合，向企业学习新技术，应用

于学校实训基地的搭建，提高学校工程造价实训机房的利用率。

施工组织与管理实训室。该实验室主要应用于培养学生的施工组织设计能力和项目实施能力。工程造价专业培养方案要求学生要掌握如下内容：一是流水施工。要求学生掌握流水施工的基本原理，如何组织流水施工，会画双代号网络计划图以及基本的时间参数计算。二是学会如何选择合理的施工方案，设计施工平面图，编制施工进度计划。在实际教学中，着重加强对学生职业技能的培养，强调实践的重要性。本实验室遵循还原施工现场的原则，以实际工程项目为依托进行塔吊、模板、材料堆放场、临时设施等的还原。实验室安装 BIM 软件，方便教师进行具体案例教学，培养学生的实操能力。在综合实训期间，每一位同学都要参与施工组织设计的编制和现场实施、管理中，这不仅可以提高学生的施工组织与管理能力，还可以培养学生的团队合作精神。

工程招投标模拟实训室。随着课程的不断深入，学生已经能够全面了解和掌握指定工程的图纸、工程量和施工组织，接下来，学生就要对招投标阶段进行学习。工程招投标模拟实训室为学生提供了各种软件，如造价软件和招投标软件，教师可以通过模拟招投标的实际过程进行教学，有助于学生的了解和掌握。具体过程如下：一是选择项目经理，成立实践小组，成立模拟公司。二是教师集中讲授招标的具体过程，并下达任务。按照具体任务要求，学生首先要去现场进行考察，然后编制标书并上交。三是工程造价专业教师组成评审小组，进行评标工作。模拟招投标全过程要和实际工程项目招投标保持一致，教师要全程参与，以便对学生进行指导和评价。在模拟实训过程中，每个学生都担任不同的职务：项目经理、技术员、安全员、信息员等，而教师则是起到指导教学和解答疑惑的作用。工程招投标模拟实训室为学生提供真实的工作环境，在实际招投标场景中进行招投标学习，模拟实训。

项目管理沙盘对抗实训室。实训室内每台计算机上都会配备有 ERP 沙盘实训软件和工程项目管理沙盘软件。大部分工程造价专业的毕业生因缺少实践经验，在毕业后不能够尽快参与到工程项目的管理中，要花很长的时间去积累经验。因此，如果学生在校期间就能够获得工程项目管理的实战经验，那么将会在一定程度上增加学生毕业后的就业机会。进行项目管理沙盘对抗实训，首先要进行小组分组，然后小组建立虚拟公司，学生在公司中担任不同的职务，一步一步进行生产运营，在工程结束时，获利最多的公司取得胜

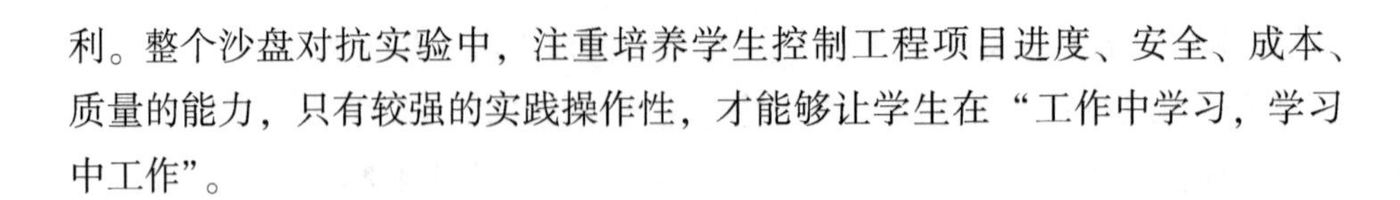

利。整个沙盘对抗实验中，注重培养学生控制工程项目进度、安全、成本、质量的能力，只有较强的实践操作性，才能够让学生在“工作中学习，学习中工作”。

三、“二化结合”教学模式的实践效果

通过深化专业建设与改革，形成了鲜明的专业特色。如济南工程技术学院最终为其工程造价学生确立了四个学习方向：建筑项目核算方向、统筹算量方向、水电设备算量方向和综合方向（关永冰，2017）。为使学生学习到的知识更加精化，在开学时就要对学生进行专业方向信息普及，学生在一个月内确立最终的学习方向。济南工程职业技术学院根据四个方向制订不同的培养方案，有针对性地对学生进行理论知识教学和专业技能培训。

济南工程职业技术学院在工程造价专业培养目标和岗位职业技能的基础上，重新打造专业实训基地，建立了六个设备先进、技术高端、环境真实的实训室。合理安排课程，充分利用工程造价专业各个实训室，将教、学、做结合为一体，为完成实训任务提供了保障。

（1）实训资源得到充分的利用。实施项目化教学方案，将核心课程安排在实训室内进行，如安装工程计量与计价课程在安装识图算量实训室内进行授课。边学边做，有助于学生真正地掌握专业知识和技能。在教学过程中，引入工程实例，按照实际工作要求进行实训，构建并完善“基于工程实例的工学结合、学训交融”的人才培养模式，使工程造价实验室得到最大程度的利用。

（2）仪器设备得到较好的维护。在每个实训室内安排两名专业教师进行日常管理，将教师的办公室设在实训室内。教师是专业课老师，熟悉教学仪器，每天进行例行检查，对损坏的仪器及时进行保修，保障学生在实训期间有仪器可以使用。

（3）管理上追求开放性。为实现工程造价专业实训室的价值，学校不仅对本专业的学生进行开放，还在固定的时间向其他专业的学生开放。除此之外，学校在素质拓展周和毕业设计周也会开放实训室，为学生完成实践任务和设计成果提供方便。

工程造价专业实验室的建设和实训基地的建设为学生实践技能培训提供了保障。工程造价专业是一门实践性极强的学科，因此，在实验或者实训的

过程中，将专业知识和工程实际联系起来尤为重要。实验实训能够有效地提升学生的动手实践能力和职业技能水平，为后面的专业课学习和工作打下坚实的基础。

第七章　工程造价专业实践教学实施研究

第一节　实验实训基地建设

由于工程造价专业实践性强，各高校都在积极为工程造价专业建设校内和校外培训室或基地，以培养学生的实践本领和操作本领。

一、工程造价实训基地建设的基本原则

工程造价培训基地的工业建设不应盲目追求经济效益和规模，要把学生的技能培训应放在首位，在建设过程中应坚持技术、共享和创新的原则。

技术原则。在人们的印象中，建筑业不属于“高科技”行业，但不能否认建筑业的技术性质。工程造价的确定和管理也是基于技术应用的。如今，科学技术和信息技术的发展已经是势不可挡，与此同时，新的工艺，材料和技术也在不断地涌现，越来越多的新项目在被开发。要想很好地发展，工程造价的编排和管理必须能正确地面对这些技术，正视这些改变。高校的工程造价实训基地本应该是一个创造和宣传新技术的地方，所以实训基地必须要紧跟技术发展的脚步，让学生在能够在学习的过程中接触更先进的技术和技能，所以，技术原理是工程造价培训基地工业化模式的基本原则。如果技术上不够强大，它将是一座“没有基础的塔”，从长远来看将难以生存。

共享原则。提供工程造价的高校通常提供类似的专业来形成专业机构。在校园工程造价培训基地的建设中，培训场所、设备、教师等都是学校的公

共资源，甚至是优质资源。为了发挥资源的最大效率，可以建立良好的培训管理机制，其他行业可以共享资源，充分利用资源，实现专业互补。

创新原则。在建设工程造价实训基地的过程中，无论采用哪种模式，都需要重视学生的实践能力和创新能力，尤其是由教师主持或参与的科研项目，更要让学生积极参与进去，为学生的创新活动提供条件。鼓励教师通过培训基地的公开平台来进行技术创造，将相关的技术服务向外界展示，及时将知识和技术转化为生产力。

二、工程造价实训基地建设的产业化模式

近年来，工程造价的发展越来越迅速，其主要原因还在于工程造价专业的实用性。许多高校非常重视实践教学，在学校内外建立了相应的培训场所，购买了大量的培训仪器和设备，并建立了一个可以称为“高中”的培训基地。然而，如何提高实训基地的利用率、提高师生的实践能力，是当前摆在许多高校面前的问题。许多高校开设了工程造价专业，在实习时，通常会在培训室进行课程设计和毕业设计。虽然训练室效率也很高，但训练效果并不理想，训练过程缺乏动力和实用性。为了提高工程造价培训基地的培训效果，可以采用多种形式的产业化。

（1）工程造价工作室。项目成本工作室是在校企合作下，将学校实训室进行宣传推广，让更多的人了解。以“为教学提供服务，对外服务付费，产学研一体”作为指导思想。工作室培训模式是教育的另一种方法。工作室是工程造价专业优秀的教学团队，利用学校专业教师的高理论水平、丰富的工作经验和相对完善的软硬件设施，吸引经验丰富的一线员工，采取相对独立于学校课堂教学的方式和在学校进行综合培训的方式，集教学、科学研究和社会保障于一体，富有创新。自愿、共赢、团结和实战是工程造价专业工作室的特点。通过对外咨询项目成本，能够让优秀的师生参与实际的工作，调动起师生的工作和学习的热情。通过工作室的实践培训，一方面，将培养一批具有实践经验的优秀教师；另一方面，将培养一批实践能力强的优秀学生，提高他们编制项目预算和决算的技术水平，并能够在毕业后直接上岗。同时，工作室可以通过有偿服务来保持一个良性循环，以提高学校和职业的社会意识。

（2）项目成本咨询公司模式。项目成本车间通常是一个没有企业资质但有企业管理模式的培训场所，位于学校。建立合格的工程造价咨询公司是建

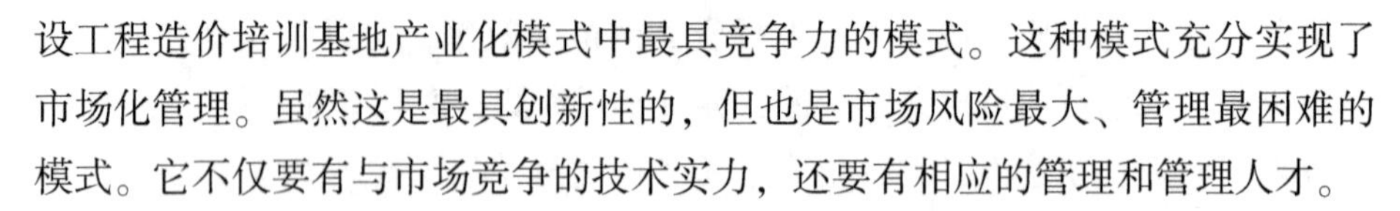

设工程造价培训基地产业化模式中最具竞争力的模式。这种模式充分实现了市场化管理。虽然这是最具创新性的，但也是市场风险最大、管理最困难的模式。它不仅要有与市场竞争的技术实力，还要有相应的管理和管理人才。

（3）整合短期技能培训和成本咨询的公司模式。项目成本工作室在业务上有很大的局限性，项目成本咨询公司在运营上有很大的风险。公司采用短期技能培训和成本咨询相结合的模式，不仅可以扩大业务范围，还能降低企业运作中可能承担的风险，将高校的技术人才优势发挥得更加充分。当前，除了大学经营的企业，市场上也有这种模式的公司。一方面，它作为一个教育和培训机构开展短期技能培训，包括招收初中生、高中生、大学生和社会工作者，只要他们对学习项目的成本感兴趣，他们就可以参加培训。根据招生目标的程度、学习范围和学期长短，培训课程分为几个班，也可以将相关建筑企业的业务人员集中起来进行培训。培训内容仅限于专业技能培训，针对性强。另一方面，企业之间的实力各有不同，根据自身的实力，可以参与市场竞争和相关业务的讨论，这种模式的两个方面表面看起来毫无关联，实则相互促进，通俗来说就是“两个品牌和一个团队”。作为一个教育和培训机构，它可以为成本咨询公司提供廉价劳动力和技术支持。作为一家成本咨询公司，它可以为短期教育和培训提供良好的培训场所。

在建设应用型大学成本培训基地的过程中，只有重视工业化模式的建设理念，才能有效解决当前校企合作的问题，造福双方，调动双方的积极性和主动性，使校企合作不断进行深入发展。除了获得良好社会和经济效益之外，也能培训教师和学生。然而，无论具体的工业化模式是什么，在人员分工、管理和设备使用方面都是不变的。我们应该坚持把教学放在第一位，在确保学校资产安全的之外，不要有太多的经济效益。高校应该更加集中，尤其是在职业教育园区。如果学校可以共享，提高工程造价培训基地的工业化规模和社会效益就更为重要。

工程造价专业实践教学的实施离不开硬件。学校应该将硬件资源配置工作进行系统规划，包括从实验室校内建设的建设，到校外实践基地的建设。校内实验室的建造和发展主要依靠基本技能训练和系统知识的模拟，工程造价实验室应该配备常见的实验器材、图纸、CAD 软件等以及一些建筑安装材料，承担起建筑工程类实践教学任务、招投标实训等实训工作。

第二节　基于工作室制的实践课程教学模式建设

近年来，我国建筑业发展越来越快，工程造价管理模式也在不断地进行改革。市场对建筑行业的人才需求量也在增加，对相关人才的要求也在提高。然而，我国工程造价从业人员普遍学历不高，综合能力较差，已经不能适应当今建筑行业的发展需求。而我国的高校教育普遍存在课程内容与职业标准脱节的现象，导致学生的工作能力不强。人才培养模式的改革，创新性人才的培养已经迫在眉睫。工程造价专业技术性、实践性很强，传统教学模式使学生毕业后进入工作需要有将近一年的适应期。“工作室制”人才培养模式起源于1919年德国包豪斯设计学院（孙晓男，2010），以工作室为载体，将理论教学与生产实践融为一体，将传统的封闭式学生只学习老师传授的理论知识课堂改变成面向生产的开放教学。这种方法取得了很好的效果，可以解决工程造价专业人才缺乏的问题。

一、高校教育实施“工作室制”人才培养模式的意义

（1）“工作室制”人才培养模式强调将老师讲和学生学融合起来，将培养学生的执业工作能力放在首位，而实施“工作室制”人才培养模式也可以充分利用行业资源，将他们的教育作用更好地发挥出来。更深层次地开展教学和科研的合作，将就业与教学完美地结合起来。“工作室制”人才培养模式对于我国改变教育模式、更好地服务社会有着重要的意义。

（2）实施“工作室制”人才培养模式，可以加快“双师型”教师队伍建设。高等教育除了要求老师具有理论水平之外，还要求老师具有一定的实践能力，所以，培养一支高素质的“双师型”教师团队是高校之间竞争的关键。“工作室制”人才培养模式除了要求老师能完成课堂教学之外，还要求老师能够熟练地演示实验室操作，这就对老师提出了更高的要求。所以老师需要不断提高自身水平，完善自身的综合素质。“工作室制”人才培养模式给教师们一个很好的展示自己的机会，使教师们更加注重自己的科研能力，用科研来带动教学。

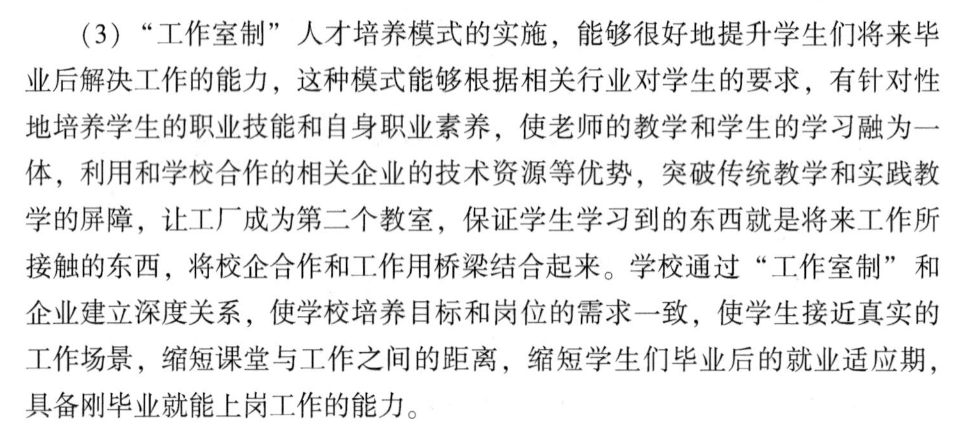

（3）“工作室制”人才培养模式的实施，能够很好地提升学生们将来毕业后解决工作的能力，这种模式能够根据相关行业对学生的要求，有针对性地培养学生的职业技能和自身职业素养，使老师的教学和学生的学习融为一体，利用和学校合作的相关企业的技术资源等优势，突破传统教学和实践教学的屏障，让工厂成为第二个教室，保证学生学习到的东西就是将来工作所接触的东西，将校企合作和工作用桥梁结合起来。学校通过“工作室制”和企业建立深度关系，使学校培养目标和岗位的需求一致，使学生接近真实的工作场景，缩短课堂与工作之间的距离，缩短学生们毕业后的就业适应期，具备刚毕业就能上岗工作的能力。

（4）“工作室制”人才培养模式的实施，能够激发学生们学习的热情，调动学生学习的积极性。传统的教学方法就是以老师为中心，老师负责向学生传授知识，学生被动接受知识，来使学生的专业知识更加丰富，在这样的模式下，学生的学习热情并没有得到激发，学习积极性并不高。然而“工作室制”人才培养模式就是以解决实际问题为目标，旨在培养学生们的处理问题能力和创新能力，从具体的工作来开展实践课程，创造了真实的职场环境，使得学生易于掌握，学生可以在学习的潜移默化中掌握工作能力，获得成就感，使学习兴趣得到激发。“工作室制”人才培养模式也能使学生感受到职场的压力，认识到学习专业知识的重要性，将传统的被动学习变为主动学习，提高学习的积极性与主动性。师生在这个过程中也能进行良好的互动，改变之前传统的单向授课模式，实现教学相长。

二、基于工作坊模拟实验室的实践教学体系

学生创新思维的提升和工程意识的加强主要依靠实践教育。实践过程除了能培养学生的创新思维之外，还能培养他们用研究的眼光来看事物，也会培养他们的创新意识（洪林，2006），要想培养创新性人才，实践教育必不可少。

天津理工大学坚持循环往复的理论教学和实践教学，以尹贻林教授为带头人尝试构建了基于工作坊的实践教学体系，通过不同实践能力的角色扮演训练，使学生获得了更全面的全过程成本管理能力，建立了以下四个工作坊子系统：工作测量工作坊、项目定价工作坊、投标工作坊和合同价格管理工作坊。为了满足上述四个工作坊的培训硬件要求，一方面，在硬件上，建立

工程成本的模拟实验室，模拟实际工程成本公司实际的办公室环境，学生在项目成本管理过程中能真实感受到这种环境。另一方面，建立工作坊的运行机制，除了模拟实验室之外，还能让四个工作坊同时运行。图 7.1 是模拟实验室的示意性平面图（尹伊林，2014）。

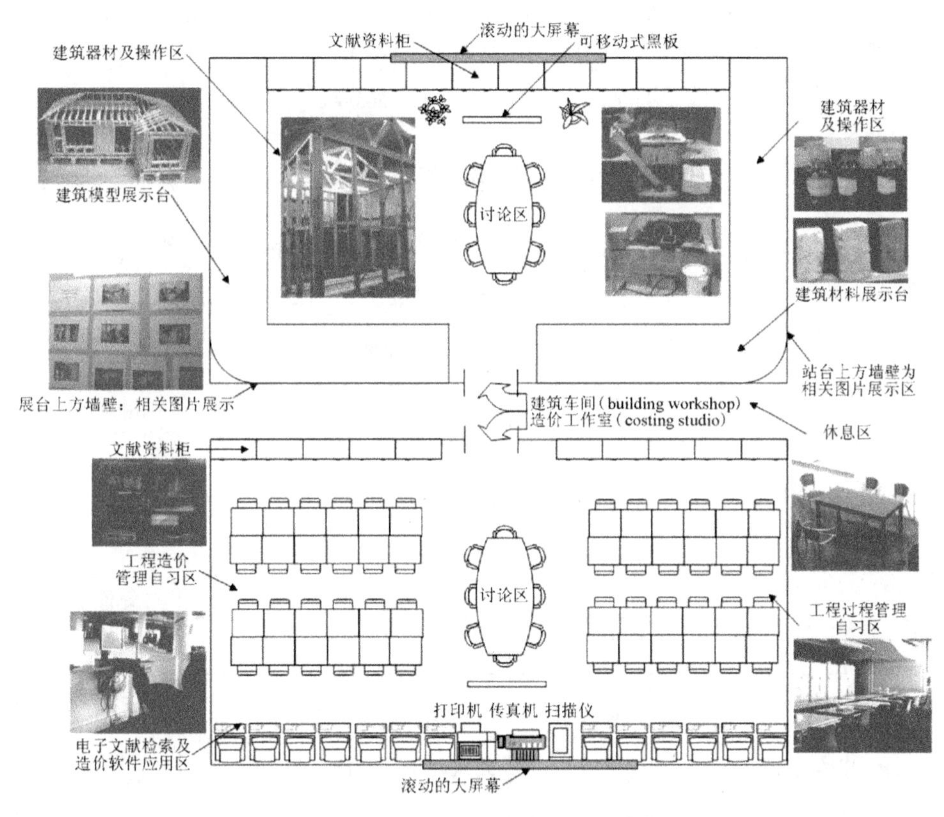

图 7.1　模拟实验室的示意性平面图

三、工作室模式下实践教学项目与软件

工作室模式下的实践教学就是要在相关的课程教学中，插入一些具体的工程项目。这样一来，学生毕业时一般都能接触四五套图纸。而且，根据问卷调查的结果反馈来看，很多人反馈了自己常用的造价软件，最常用的软件就是晨曦和广联达，如图 7.2 所示。

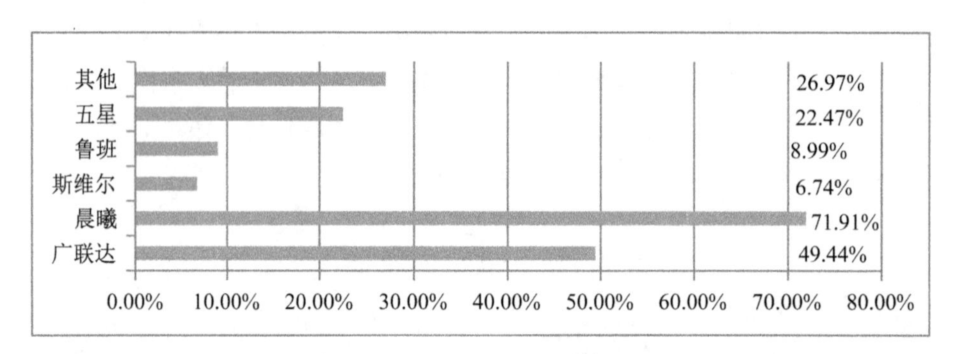

图 7.2　经常使用的造价软件

因此，构建工作室模式下的实践教学体系包括项目类型、备选图纸、相关实践课程、相关软件等，具体对应安排如表 7.1 所示。

表 7.1　具体对应安排

项目类型	备选图纸	相关实践课程	相关软件
低层框架结构	某小型别墅	建筑制图与房屋构造 建筑 cad 建筑施工技术	Auto cad 2010
		建筑计量与计价（1）	晨曦手薄 晨曦计价
小高层框架剪力墙结构	某办公大厦建筑工程图	平法钢筋算量 建筑计量与计价（1）	广联达 GGJ 广联达 GCL 广联达 GBQ
	某办公大厦安装施工图	安装工程识图与施工技术 安装工程计量与计价	广联达 GQI 广联达 GBQ
高层框架剪力墙结构	某住宅楼	建筑施工组织 建设工程招投标与合同管理 工程造价管理 毕业设计	不限

四、工程造价工作室及工作室制教学

工程造价工作室作为小型工程造价咨询业务团队，规模并不能与大的机构相比，但是小并不意味着不精。俗话说“麻雀虽小，五脏俱全”。尤其是在校生或者实习生毕业生，他们在这里可以接触各种各样的工程，而且还有人愿意向他们传授一些技能，因为企业也愿意直接任用培训好的人员来节省开支，这样对学生们的学习以及成长都有着重要的促进作用。工作室制教学，其实就是在校内学习企业的管理运行机制，将工作室制团队的核心变为教室。通过某个具体的研究项目，将教学和生产联系在一起，这样一来，除了提升学生们的理论知识外，还能明显提升他们的实践能力和运用能力。当前，有许多学校在教学中采用工作室模式，将学习与实践很好地结合在一起，让学生在实习中学到知识，这样可以在将来尽快适应工作环境。但客观地来看，“工作室制”虽然能明显提升一部分学生的能力，但也仍然存在弊端。有些学生因为层次不同，导致了他们养成了一种不懂就不学的心理，这说明了“工作室制”教学模式还需要深入发展来解决教学中存在的问题。

工程造价专业工作室实践教学模式的实施，首先应该对工程造价专业学生需要掌握的模块有清楚的了解，应该满足学生应对特定岗位能力的训练要求。通过分层能力培养和训练平台的搭建，形成以能力培养为基础的教学体系，提高学生的学习积极性，激发学生的创新性，实现应用型人才培养。

第三节　工程造价实践课程团队培养与建设

课程团队通俗来说就是服务于学生，将一些能互相帮助互相提高的老师聚齐起来，通过教学内容和方法的改革创新，创建一系列的专业课程平台，提高教师们的教学水平，提高教学质量的一种创新型教学组织形式（马廷奇，2007）。课程团队应该将团队合作精神有效建立起来，促进教学经验的交流，开发教学资源，推进教学工作的进行，发扬互助精神，老教师多帮助年轻教师，加强年轻教师的培养（李江林，2010）。根据能力标准的不同水平以及技术平台、管理平台、经济平台和法律平台的要求，建立相应的课程

团队。

实践教学要想取得好的成效，一支高实践能力的教师队伍是必不可少的。所以，工程造价专业应该全面提高教师队伍的职业素质，使教师的年轻结构、知识结构、学历结构等方面适应工程造价专业的发展需求，积极争取引进高职称、高学历的工程造价专业的带头人，努力构建高水平的教学团队，为培养应用型人才提供坚实的保障，具体有以下措施。

一、内外兼修，打造“双师型”团队

通过专业建设和改革，吸引高学历高水平的老师，聘请实践单位具有丰富经验的工程造价师为特聘老师，带动专业的发展。与此同时，团队建设要以专业梯队建设为重点，旨在提高人才培养质量，努力建设一支适应教学改革发展的、素质优良的“双师型”教师队伍。

二、实践单位挂职锻炼，提高实践能力

提高教师们的整体学历水平，积极开展课程组发展活动来活跃教学氛围。通过校内学习、科研讨论、参与校外培训等，选出高职称老师去重点大学访问，努力提高整体教师的科研水平。在职业领域，教师们需要树立自己的职业理想，提升自己的工作态度，让自己更加踏实认真。教学团队内部需要根据岗位树立精准的目标，提升教师工作的责任感，改良教师们的职业作风，使教师团队都能坚定自己的理想，遵守纪律，全面提高教师团队职业素养。

三、强化自学自律，建设学习型团队

学习型团队是一个很有凝聚力的群体。旨在通过教师们的学习来向学生们和外界传播自己学校的育人理念和价值取向，达到学校和老师共同发展，共同进步的目标。学习型团队各成员之间学习成果共享。在提升团队学习力，增强团队的创新精神方面具有重大意义。通过设立目标来鼓励自己进行学习。建设学习型团队的前提就是自主学习。建设学习型团队就是要通过奖惩、鼓励等方式，促进每一位教师自觉自愿地进行学习，来实现自我价值，不断地提升每位教师的教学能力和科研能力。

学习型团队建设的关键就是老师们之间互帮互助，只有这样，才能从根

本上激励和监督每一位教师成员很好地从事与学习教育有关的活动，保障教师团队的教学水平和科研能力。经常邀请专家来学校进行讲学，吸取专家的一些意见可以有效地提升课程团队的水平。邀请专家学者来校讲座，借助他们的观点来拓宽教师们的视野，促进教师的专业发展。定期派出教师进行考察，拓宽教师们的视野，学习先进的教学思想以及专业知识，促进教学团队更好的发展和进步。同时，本校的教师也要积极申报科研、教研课题，这样才能不断提高教师团队的学术水平，提升教师的教学质量，通过课题研究来使全体教师在学术水平和教学业务能力上得到提高。

教学团队水平提升的关键就是加强研究，所以团队负责人的任务很重。首先就是专题研究，深化学习，收集教学中遇到的问题，结合这些问题，和老师们经常展开讨论。增强教学的目的性，这样可以突出教学重点，除此之外，还能保障教学质量，使教师的学习活动更加深入（曾勇，2007）。其次就是课题研究，引领学习。强化科研和学术研究，创造学术研究环境，调动教师开展课题研究的积极性，用课题促进教师们的学习和进步。

从专业培养目标的角度考虑，实践教学毋庸置疑应该是工程造价的首要教学任务。设立工程造价专业的高校应明确实践教学目标，建立科学、合理的工程造价专业应用型创新人才培养体系，为培养实践能力强的应用型创新人才奠定坚实的基础。

第四节　融入 BIM 技术的工程造价专业实践教学模式建设

一、工程造价专业实践教学融入 BIM 技术的目的

BIM 技术作为建筑工程领域的新工具、新手段和新方法，能够实现设计、施工管理、运营维护等一体化的需求，正在逐步被业界所承认所重视。根据 2016 年 6 月的麦肯锡报告《想象建筑业数字化未来》，目前形势下的建筑业工程建造数字化水平相对较低，仅高于农牧业领域。数字技术为建筑行业带来了巨大的变革空间与机遇。目前，国内一些高校已经在 Autodesk、广联达、斯维尔、鲁班、品茗等国内外软件厂商的支持下开始了 BIM 技术的课程教学

尝试。BIM 实训选修课程、BIM 课程教学、BIM 联合毕业设计等形式已经在许多高校进行了尝试，但是大部分高校在 BIM 教学方面的动作幅度并不大。目前几乎没有高校能将 BIM 技术完整地应用到相关课程中，形成完整的教学体系，更没有高校提出完整的基于 BIM 的工程造价专业人才培养方案。如何系统有效地将 BIM 技术嵌入到课程体系与培养方案中去，如把握 BIM 技术与本专业人才培养目标的一致性原则，BIM 课程设置如何服务于工程造价专业教育等问题，是当前工程造价专业教学改革和建筑行业发展亟待解决的问题。因此，研究基于 BIM 的工程造价专业实践课程体系设置和教学改革为高校工程造价专业自身发展提供了新的途径。

二、高校工程造价专业实践教学课程体系存在的问题

不同类型的高校根据各自的师资水平和办学条件对工程造价专业学生的培养侧重点有所不同。比如财经类院校比较注重培养学生工程经济管理的能力，因此会将工程造价专业设置在管理学院、经济管理学院或商学院之下，在专业课程设置、专业培养方向等方面有所不同。目前，工程造价专业在课程体系设置方面存在以下问题。

（一）专业课程间内在逻辑关系不清晰

由于部分院校实行大类招生，从而使得在制订本专业教学计划时与其他学科在课程开设学期和课时量安排必须保持一致。而作为对于工程技术类课程要求较高的工程造价专业，只能通过大量压缩专业基础课程和专业核心课程来迎合大类招生的形势。另外，由于工程专业技术类课程、管理类课程、经济类课程、法律类课程不仅内部存在逻辑关系，而且这几类课程之间也存在逻辑关系，课程顺序安排难度大，存在自身难以解决的矛盾。例如：将房屋建筑学、工程制图、工程制图软件等课程放在同一学期开设，不注重课程之间的逻辑顺序；将工程经济学、工程估价、工程施工等放同一学期开设，不符合这些课程所涵盖的知识内容间的内在相关性。

（二）工程技术类专业课程较为单薄

工程造价专业是依托在强硬的工程技术和实践能力之上的管理，而财经类、师范类高校通常都比较缺乏工程技术背景，使得开设的经管类、工程技

术类课程缺少了工程技术基础支撑，不能有效地应用于工程技术领域；使得大部分毕业生项目全过程管理能力较为薄弱，尤其是分析和处理现场施工技术、质量安全管理等方面的能力较为欠缺。

（三）课程实践教学环节重视不足

工程造价专业通过经济理论课程学习、管理实训能力训练与工程技术实践能力培养促使学生具有较高的综合素质。由于财经类、师范类高校办学所需的硬件与工程技术基础设施投入少于理工院校、实验课程及实训课程跟不上理论教学、实践教学内容相对薄弱、专业课程设计及实践实习环节较少等问题的存在，使得此类高校工程造价专业的毕业生动手能力、技术能力及实践认知能力较差。如何通过改革实践课程、优化实践环节来培养学生分析处理工程实际的能力和专业技能，是当前财经类、师范类院校所需要解决的首要问题。

（四）难以满足用人单位对新技术和新能力的要求

用人单位及就业环境要求工程造价专业的毕业生既要掌握土木建筑专业的专业技能，又要懂得项目管理的知识，要求学生拥有综合性知识和能力。比如从项目可行性分析到运营管理的项目全寿命周期的相关知识，从工程施工管理到房地产物业管理，从工程经济到工程成本管控等都要学习。而碎片式、零散化的课程教学体系很难满足业界对工程造价专业人员新技术和新能力的需要。

三、BIM 技术融入工程造价专业课程体系的可行性

BIM 技术是基于信息模型的建筑方案比选、工程结构设计、建筑与环境分析、三维算量与计价、虚拟建造、项目管理等多项技术的集合。工程造价本科专业课包含工程技术、经济、管理和法律法规等平台课程，与 BIM 密切相关的课程涉及工程技术、管理和经济类的课程。高校工程造价专业实践课程可划分为三个层面：专业基础课（如工程制图、工程力学、房屋建筑学、施工技术与管理等）、专业核心课（如工程项目管理、工程招投标与合同管理、工程经济学、装饰装修工程计量与计价、安装工程计量与计价等）和专业拓展课（如工程制图软件 AutoCAD、工程造价管理软件等）。以 BIM 技术

为支撑改革工程造价专业课程教学实践体系，将 BIM 融入项目全生命周期各阶段的课程教学和实践教学之中，构建工程建模设计、施工管理、工程造价和运营维护一体化综合课程教学体系，使得信息模型可有效实现各专业知识的直观化与系统化，增强教学的可视化效果。

如何有效地将 BIM 技术融入工程造价专业课程体系中，是当前形势下高校工程造价专业实践课程教学改革的重点问题。首先要意识到基于 BIM 的课程教学实践体系改革要有一个平稳长期的过渡期。BIM 技术进入工程造价专业课程教学中是必然趋势，但一定会遇到传统课程教学和环境的抵制与冲突：一方面是面对本科专业指导规范和学校人才培养方案很难改变的现状；另一方面是专业教师接受和掌握新技术、新方法的周期较长。通过将原有的专业基础课程、专业核心课程和专业拓展课程中逐步植入 BIM 模块以及单独开设工程造价专业的 BIM 应用课程，可以有效地扩展和完善 BIM 教学内容与实践课程，最终探索形成适合本专业发展方向的 BIM 实践教学体系。以 BIM 技术为主线，能够有效地将专业课程串联成一个整体，整个工程造价专业课程设置能够围绕 BIM 教学模型展开，借助 BIM 的三维可视化功能和信息化管理功能来增强课程的授课效果，并能通过 BIM 相关软件的操作增强学生的课程实践能力。基于 BIM 工程造价专业课程体系设置的创新改革正处于初步探索中，从当前形势下的专业课程设置及授课内容、教学方法和手段与 BIM 技术的关联程度、BIM 课程实践教学落地应用情况、BIM 软件厂商的技术支持以及业界对工程造价人才的需求等实际情况出发，高校工程造价专业基于 BIM 的课程体系设置可参考表 7.2。

表 7.2　融入 BIM 技术的工程造价专业实践课程体系设置

实践课程类别	专业课程名称	BIM 技术支撑	建议
专业基础课	工程制图	BIM 3D 模型、仿真模型	植入 BIM
	房屋建筑学	BIM 3D 模型、VR 体验	植入 BIM
	施工技术与管理	施工仿真模拟、施工现场三维布置、BIM 专项施工方案	植入 BIM
专业核心课	工程招投标与合同管理	BIM 招投标平台	植入 BIM
	工程项目管理	BIM 5D、进度成本质量管理	植入 BIM
	工程造价管理	BIM 工程计量与计价体系	植入 BIM

续表

实践课程类别	专业课程名称	BIM 技术支撑	建议
专业拓展课	BIM 软件建模	BIM 理论与基础知识、建模过程	新增课程
	BIM 与工程造价	造价实训课程（指导毕设）	新增课程

四、高校 BIM 技术专业实践课程体系改革路径

（一）利用 BIM 推动课程教学方法与教学方式改进

基于上述分析的 BIM 专业课程教学体系，各类平台的专业课程均能有 BIM 技术的支持，BIM 软件都能参与进来。传统的课程教学中的二维识图、三维建模、房屋结构、施工组织与设计、施工进度计划、工程招投标、工程算量与计价等知识点与教学环节都能够依托于 BIM 模型贯穿于各自的课程中，从而改善乃至颠覆以往的教学方法与教学方式。比如，在传统施工技术及施工组织设计课程中，学生对于施工场地的布置、施工工序与工艺、施工组织及进度安排没有清晰的认识，还停留在理论阶段。通过 BIM 技术的介入，可将传统二维平面布置图快速转化为三维信息模型，可直接生成施工模拟动画；通过关联时间形成 4D 模型，完成施工过程模拟等。可以将传统的教学模式是基于二维的“图纸+PPT”转变成为“PPT+三维场景+施工动画+过程模拟”的高效、精准、直观的教学模式。通过改革创新教学方法和教学模式，使得学生更能直观地认识三维模型及施工技术，拓宽了学生的知识维度，提高了授课效率，对于高校工程技术师资缺乏及实验室条件较弱的短板提供了行之有效的解决途径，极大地提高了高校工程造价专业学生的技术素养和就业水平。

（二）校企合作与教师的自我提升

由于 BIM 师资的短缺以及技术条件的不足，在 BIM 融入教学课程体系的初期，一方面，要大量地聘请 BIM 软件公司的培训讲师为老师和学生授课，既可以学习新鲜的 BIM 技术，实现课程的平稳过渡，又能够促进教师的发展，推动 BIM 教学团队的形成，实现教学方法和教学方式的改革。另一方

面，在与 BIM 企业合作的同时，能够使老师和学生第一时间了解和掌握 BIM 技术的最新应用状况以及业界对于工程造价专业毕业生的 BIM 技能需求，能够使高校得以获取行业对 BIM 人才需求，形成适应行业发展的实践课程体系和人才培养方案。

（三）支持学生参加学科竞赛与获取专业技能证书

学科竞赛有着常规教学所不具备的独特的创新教育功能，学科竞赛更是检验课程体系建设是否真正发挥功效、能否提高学生综合素质能力的重要标准。如全国大学生力学竞赛、全国先进成图技术与产品信息建模创新大赛、全国高等院校工程造价技能及创新竞赛以及许多中国建设教育协会及多家软件供应商举办的 BIM 大赛，如全国高等院校学生“斯维尔”杯建筑信息模型（BIM）应用技能大赛、全国高校 BIM 毕业设计大赛等。高校可以利用学科竞赛的机会，鼓励学生参加软件学习与培训，一方面可以提高学生软件应用水平，另一方面可以加强校企合作，在增强学生实践与创新能力的同时，提高学生的团队协作能力。专业技能证书是学生通过参加技能大赛或者参加相关技能考试获得的证书，对学校培养方案及专业课程设置具有鲜明的导向性。高校通过学科竞赛和专业技能证书考试能够有效地检查基于 BIM 的实践课程体系改革的成效、能否有利于人才的培养与业界的需求，能够更有针对性地进行 BIM 实践课程体系的改革与完善。

参考文献

[1] 中国建筑协会.2017年建筑行业发展统计分析[J].工程管理学报，2018，32（3）：1-6.

[2] 中国建筑协会.2018年建筑行业发展统计分析[J].工程管理学报，2019，33（2）：1-6.

[3] 谢英姿.工程造价专业人才需求及培养策略探析[J].理论·研究，2017（11）：34-35.

[4] 王玉雅.基于企业岗位需求的工程造价专业人才培养模式研究[J].价值工程，2017（35）：145-147.

[5] 孙淼、孙宝庆.工程造价专业的就业现状及对策研究[J].环球人文地理，2014（18）：3-4.

[6] 卫运钢."大工程观"理念下应用型人才实践环节的研究与探索[J].经济研究导刊，2016（6）：109.

[7] 谢忠镖.国内外工程管理（工程造价）专业实践教学比较[J].科技信息，2006（3）：120-121.

[8] 刘胜群，谢姗姗，肖祥颜.浅谈国外工程造价管理专业的课程体系设置[J].江西理工大学学报，2007（5）：68-70.

[9] 赵辉，董骅，罗亚楠.工程造价创新型人才培养模式——以青岛理工大学为例[J].项目管理技术，2017，15（08）：82-88.

[10] 李侠.职业能力视域下工程造价专业实践教学研究[J].牡丹江大学学报，2017，26（11）：177-179.

[11] 朱宝瑞，席小刚.我国工程造价管理人员专业能力标准研究[J].工程

造价管理，2018（4）：34-39.
[12] 郝鹏，李锦华，任志涛．能力素养提升的工程造价教学团队建设研究［J］．高等建筑教育，2013，22（2）：36-40.
[13] 严玲，张亚娟．双证书认证模式下能力标准构建研究——以工程造价专业试点工作为例［J］．科技进步与对策，2013，30（23）：120-125.
[14] 李杰，刘元芳．工程造价专业应用型人才培养标准的研究［J］．福建工程学院学报，2009，7（5）：431-436.
[15] 刘钟莹，武平．工程管理专业学生工程造价实践能力培养研究［J］．价值工程，2017，36（23）：222-224.
[16] 陈德义，李军红．工程造价专业人才培养模式研究——以执业资格制度和行业认证为导向［J］．高等建筑教育，2011（6）：40-42.
[17] 韦芳，黄东兵．财经类院校工程管理专业基于能力架构的课程体系构建［A］．2012 中国工程管理论坛，571-574.
[18] 王学通，庞永师，禹奇才．工程管理专业实验课程体系的研究与实践［J］．中国大学教学，2011（1）：77-79.
[19] 赵颖晖．高职水利工程专业实践教学效果影响因素分析［J］．教育教学论坛，2014（12）：251-252.
[20] 穆敏丽，李卫娜．财务管理专业实践教学质量影响因素量化分析［J］．嘉兴学院学报，2015（1）：133-137.
[21] 刘榕．关于普通高校工程造价本科实践教学改革的探讨［J］．科教导刊，2012（6）：160-161.
[22] 李亚峰，等．安装工程计量与计价［M］．北京：化学工业出版社，2016.
[23] 李小勇．工程管理专业实践教学满意度调查及影响因素分析［J］．贵州民族学院学报：哲学社会科学版，2013（2）：156-161.
[24] 赖永波，杨月锋，徐学荣．基于结构方程模型的实训课教学效果影响因素分析［J］．宁德师范学院学报，2014（1）：99-103.
[25] Anderson J. C. , Gerbing D. W. . Structural equation modeling in practice: A review and recommended two step approach［J］. Psychological Bulletin, 1988, 103: 411-423.
[26] 邱皓政，林碧芳．结构方程模型的原理与应用［M］．北京：中国轻工

业出版社，2009.
[27] 王肖芳．基于执业能力的应用型本科工程造价专业实践教学体系研究[J]．教育观察，2014（12）：47-52.
[28] 范云云．“互联网+”时代教育新技术慕课与微课研究[J]．产业与科技论坛，2017（6）：167-168.
[29] 楼晓雯．工程造价专业网络教学资源平台的建设与探析[J]．中小企业管理与科技，2012（10）：242.
[30] 洪敬宇．工程造价专业“模拟岗位”教学模式的实践与探索[J]．中国职业技术教育，2008（24）：7-8.
[31] 姜利妍．工程造价专业实训课程“二化结合”教学模式的实践研究[J]．中国成人研教育，2015（6）：145-147.
[32] 关永冰．工程造价专业“三个平台、四个方向”人才培养模式研究[J]．教育教学论坛，2017（20）：258-259.
[33] 孙晓男．“工作室制”工学结合人才培养模式研究[J]．中国成人教育，2010（6）：65-67.
[34] 洪林．国外应用型大学实践教学体系与基地建设[J]．实验室研究与探索，2006（12）：1586-1588.
[35] 马廷奇．高校教学团队建设的目标定位与策略探析[J]．中国高等教育，2007（11）：40-42.
[36] 李江林．高校教学团队构建的思考[J]．湖北师范学院学报（哲学社会科学版），2010（1）：138-140.
[37] 韩晓燕，张海英．专业认证、注册工程师制度与工程技术人才培养[J]．高等工程教育研究，2007（4）：38-41.
[38] 曾勇，隋旺华．高校教学团队建设的思考[J]．中国地质教育，2007（4）：30-32.
[39] 严玲，韩亦凡，张祝冬．高等院校工程造价专业课程模块化研究[J]．建筑经济，2017，38（8）：67-74.
[40] 严玲，尹贻林，柯洪．工程造价能力标准体系与专业课程体系设置研究[J]．高等工程教育研究，2007（2）：111-115+136.
[41] 郑兵云，许大宝，倪修凤．应用型人才培养下工程造价专业实践教学

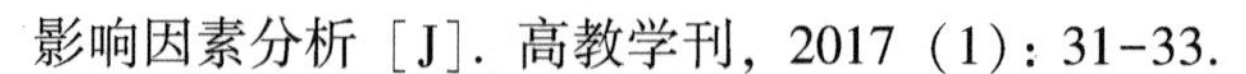

影响因素分析 [J]. 高教学刊，2017（1）：31-33.

[42] 郑兵云，唐根丽 . 基于能力培养的工程造价本科专业实践教学研究 [J]. 高教学刊，2017（9）：70-72.

[43] 郑兵云 . 高校专业实践教学效果影响因素调查研究 [J]. 山西能源学院学报，2018，31（1）：84.

[44] 尹贻林 . 中国高校工程造价专业人才培养体系研究 [J]. 工程造价管理，2015（10）：6-12.

[45] 尹伊林，白娟 . 应用型工程造价专业人才培养模式的探索与实践——以天津理工大学为例 [J]. 中国工程科学，2014（7）：114-110.